再生水灌溉水稻微生物菌剂配施技术研究

陆红飞　韩　洋　甄　博　乔冬梅　著

U0348972

中国农业科学技术出版社

图书在版编目（CIP）数据

再生水灌溉水稻微生物菌剂配施技术研究 / 陆红飞
等著. -- 北京：中国农业科学技术出版社，2024.10.
ISBN 978-7-5116-7024-3

Ⅰ. S511.062

中国国家版本馆CIP数据核字第 2024G9F024 号

责任编辑　李　华
责任校对　李向荣
责任印制　姜义伟　王思文

出　版　者　中国农业科学技术出版社
　　　　　　　北京市中关村南大街 12 号　　邮编：100081
电　　　话　（010）82109708（编辑室）　　（010）82106624（发行部）
　　　　　　　（010）82109709（读者服务部）
网　　　址　https://castp.caas.cn
经　销　者　各地新华书店
印　刷　者　北京建宏印刷有限公司
开　　　本　170 mm×240 mm　1/16
印　　　张　13.25
字　　　数　238 千字
版　　　次　2024 年 10 月第 1 版　　2024 年 10 月第 1 次印刷
定　　　价　86.00 元

序 言

　　水稻，作为世界上最重要的粮食作物之一，与其相关的灌溉技术和水土环境的优化一直是我国农业科研的重点领域。然而，随着水资源日益紧张，再生水（主要指生活废水经适当处理后，达到一定的水质标准，可以进行使用的水）在农业灌溉中的应用越来越广泛。然而，再生水中含有的盐分、微生物及其他杂质（微塑料等）可能对水稻生长产生不利影响。因此，如何在保证水稻健康生长的同时，实现再生水的安全利用，成为现如今面临的一大挑战。

　　本书旨在探讨在控制灌溉下，如何通过微生物菌剂的配施技术，优化再生水灌溉后的土壤微环境，进而提升水稻产量。本书详细分析了半生育期（拔节期前）、全生育期再生水灌溉对水稻生长发育的影响，并评估了施加不同微生物菌剂缓解这些不利影响的效果。通过综合应用生物学、农学、环境科学等多学科的知识和方法，本书揭示了微生物菌剂在改善土壤微环境、促进水稻生长、提高抗倒伏能力等方面的重要作用。

　　本书还深入探讨了微生物菌剂对土壤理化性质、水稻生理生化特性以及产量形成的影响机制。通过大量实验数据和案例分析，发现微生物菌剂不仅能够降低土壤盐分、优化土壤结构，还能提高水稻的光合作用效率和抗氧化酶活性，从而增强水稻抗逆性和产量。这些发现不仅为再生水灌溉下的水稻生产提供了理论依据，也为其他作物的种植提供了有益的参考。

　　本书由江苏农林职业技术学院、中国农业科学院农田灌溉研究所的相关技术人员撰写，陆红飞、韩洋负责统稿，主要著者分工如下：第1章由陆红飞、韩洋撰写；第2章由甄博撰写；第3章由韩洋、甄博撰写；第4章由甄博、白芳芳撰写；第5章由乔冬梅、赵宇龙撰写；第6章由陆红飞、张登敏撰写；第7章由陆红飞、乔冬梅、张登敏撰写。陆红飞约撰写8.2万字，甄博约撰写8.1万字，其他人员共计撰写约8万字。由于研究者水平和研究时间有限，可能缺乏对某些新型微生物菌剂或新型配施技术的深入探讨，且微生物种群结构、基因功能活性、微生物之间的相互协作关系、微生物与环境之间的关系等研究尚显不足，以及如何通过调控水稻生理生化过程来增强其抗逆性等方面，可能需要更深入的研究。此外，本书在论述过程中可能过于注重理论分析和技术研究，而缺乏对实际应用中可能遇到的问题和挑战的深入探讨。例如，在实际生产中，如何根据土壤和气候条件选择合适的微生物菌剂、如何制定合理的配施方案等，这些问题都需要更多的实践经验和案例分析来支持。

本书中所进行的研究工作是在江苏农林职业技术学院科技计划项目（2022kj16）、河南省自然科学基金项目"再生水灌溉下微生物菌对土壤微环境和作物生理的影响机理研究"（212300410309）、国家自然科学基金项目"基于土壤病原菌与重金属生态效应的再生水分根区交替灌溉调控机制"（51679241）、中央级科研院所基本科研业务费专项资助项目（FIRI202001-06、FIRI20210102）的大力资助下完成的。本书的研究结果不仅有助于推动农业水资源的可持续利用，还能为农业生产中的环境保护和生态平衡提供有力支持。期待本书的出版，能够引起更多学者和从业者对再生水灌溉和微生物菌剂配施技术的关注和研究，共同为实现农业的绿色发展和粮食安全贡献力量。

在撰写过程中，得到了众多专家学者和同行的支持与帮助，在此表示衷心的感谢。同时，也希望本书的出版能够为广大读者带来启示和帮助，共同推动农业科技的进步与发展。

著　者
2024年5月

目　录

1 概述

1.1 研究背景与意义

再生水灌溉已成为世界范围内缓解水资源供需矛盾的有效手段，美国、澳大利亚、以色列、意大利、法国等国家针对再生水资源在农业灌溉、园艺生产等方面进行了广泛研究和探讨，以缓解水资源短缺问题（Thebo et al., 2017；Kellis et al., 2013；Chen et al., 2013；Ait-Mouheb et al., 2018；Son et al., 2012；Amponsah et al., 2016），特别是在用水需求缓解措施不足的地区（Deviller et al., 2020）。虽然再生水的应用范围不断拓展，但再生水的合理安全利用还处于起步阶段（Deng et al., 2019）。目前，我国再生水虽然在城市用水（Li et al., 2019）、设施农业（Guo et al., 2017；栗岩峰 等，2014）等方面取得一些进展，但在再生水农业安全利用机理、安全灌溉关键技术和配套添加剂等农艺技术方面的研究与发达国家和我国产业需求尚有较大差距。再生水灌溉可以节省肥料成本（Maestre-Valero et al., 2019），促进作物生长，但显著改变了土壤微环境，易产生土壤盐渍化和重金属污染（镉、砷、铜等）风险（栗岩峰 等，2015；Chiou, 2008），并向农田中带入大量的抗生素抗性基因（Al-Jassim et al., 2015；Kulkarni et al., 2019）、有机物（Son et al., 2012；Pablos et al., 2018）、病原菌（Chen et al., 2013；Aiello et al., 2007）等，对生态安全和农产品质量安全构成严重威胁；在长期再生水灌溉条件下摄入含壬基酚（NP）和双酚A（BPA）的冬小麦籽粒可能会诱发致癌风险（Wang et al., 2018）。因此，再生水质量对农作物和人类安全的影响仍然令人担忧（Dery et al., 2019）。如何在农业生产中预防和化解再生水灌溉产生的风险和威胁，是再生水灌溉的重点问题。

微生物菌剂是低成本的生物技术工具，作为一类新型农业添加剂，在盐碱地改良、土壤重金属防治等方面取得了突出的成效。一方面施加微生物菌剂可补充盐碱土中具有特定作用的微生物数量，促进土壤微生物的生命活动

（周世宁，2007），另一方面可以降低土壤全盐量（刘全凤 等，2018）。目前，微生物被广泛应用于处理含镉废水（Vendruscolo et al.，2017），且有研究证实镉抗性菌能降低水稻籽粒中镉的积累，显示了其在镉污染土壤中的生物修复潜力（Lin et al.，2016）。

已有关于再生水灌溉条件下土壤养分、盐分、病原菌等在植物、土壤中的迁移、分布、积累规律的研究主要结合不同作物、灌溉制度、灌溉方式、施肥措施等，但对再生水灌溉条件下，微生物菌剂对土壤微环境的影响的研究还比较薄弱，以及对添加微生物菌剂后作物生理生化效应方面的探讨较少。水稻能够适应碱性土的环境，并且常用于滨海盐碱土的改良。本研究主要探讨添加微生物菌剂（枯草芽孢杆菌和酵母菌）后，再生水灌溉土壤微环境的变化及其作物生理效应，研究土壤盐分和养分的迁移和转化规律，重点分析土壤微生物多样性、土壤养分和盐分的变化特性及其与作物生理生化指标之间的关系，弄清微生物菌剂通过改变土壤微环境调控作物生理的机理，以期从理论上揭示微生物菌剂应用于再生水灌溉农田的安全高效调控机制，为再生水安全利用提供一定理论依据。

1.2　我国再生水利用现状

我国再生水利用量呈现出快速增长的态势。近年来，随着水资源短缺问题的日益严峻，再生水作为一种重要的非常规水源，其利用量和利用率都在快速提升。据统计，2022年我国城市再生水利用量约为1 800 000万m³，再生水利用率约为28.76%。这一数字相较于过去有了显著的提升，表明再生水在城市中的应用领域正在不断扩大。

目前，我国再生水主要用于景观湖、绿地灌溉等领域，但也在工业、冷却、冲洗等领域得到了更广泛的应用。此外，政府也在积极推动再生水的利用，通过制定政策、加大投入等方式，促进再生水产业的发展。例如，水利部会同有关部门印发了《关于加强非常规水源配置利用的指导意见》等文件，将省级行政区非常规水源最低利用量纳入"十四五"用水总量和强度双控目标进行考核，着力扩大非常规水源利用领域和规模。

然而，尽管我国再生水利用量在快速增长，但总体上再生水利用水平仍然不高。据统计，2022年我国城镇污水排放量约754亿m³，而再生水利用量仅为151亿m³，可见再生水后续开发利用潜力巨大。此外，再生水利用还存在一些困难和挑战，如资金筹措压力大、再生水利用配套基础设施建设任务重、再生水处理工艺较为复杂、技术要求高等。

为了解决这些问题，我国正在采取一系列措施。一方面，政府继续加大对再生水等非常规水源开发利用的力度，推进再生水利用配置试点建设，有效发挥非常规水源利用在解决水资源短缺、提高用水效率、防治水环境污染等方面的重要作用。另一方面，也在积极探索新的技术和方法，提高再生水的水质和稳定性，以进一步扩大其应用领域和提高利用率。

总的来说，我国再生水现状呈现出快速增长的态势，但仍然存在一些问题和挑战。未来，需要政府、企业和社会各界共同努力，加大投入和研发力度，推动再生水产业的持续健康发展，为我国水资源的可持续利用做出更大的贡献。

1.3 国内外研究现状及发展动态

1.3.1 再生水灌溉对土壤微环境的影响

再生水中含有较多的Na^+、Ca^{2+}、HCO_3^-等离子以及N、P、K等营养元素，虽然可以增加土壤养分，但Cl^-、Na^+量会随着灌溉年限持续增加（Zalacin et al.，2019b），加重了土壤发生次生盐渍化的风险（Lyu et al.，2018；Suresh and Nagesh，2015；Tunc and Sahin，2015），恶化土壤理化性质（Erel et al.，2019），长期灌溉时必须及时清除土壤中的盐分（Zalacin et al.，2019b）。再生水灌溉促进牧草生物量增加，主要原因是通过灌溉水获得的养分比例较高（Zalacain et al.，2019）。目前重金属污染备受关注，虽然再生水中含有一定量的重金属，但短期灌溉后土壤中的重金属含量并未超过国家标准值（张铁军 等，2016），并且蔬菜中重金属含量在世界卫生组织允许的范围内（Njuguna et al.，2019）。随着再生水灌溉年限的增加，虽然土壤中的重金属有富集现象，但是重金属污染的风险也在可控范围内（Hu et al.，2018），主要原因就是目前利用的再生水主要是城市生活污水的二级处理水（王茜 等，2018），但是仍需加强监测以确保食品安全和生态安全。再生水灌溉后土壤酶活性也会发生显著变化。郭魏 等

（2015）研究发现再生水灌溉提高了土壤脲酶、过氧化氢酶活性及土壤氮素含量，降低了蔗糖酶活性。同时，再生水灌溉能够促进与土壤碳、氮转化相关的微生物的增长，改变土壤微生物的群落结构（Kumar et al., 2017；Guo et al., 2018），提高土壤的微生物生物量和酶活性（Bastida et al., 2018）。再生水灌溉时适量减氮有利于土壤细菌种群丰富度和多样性的增加（郭魏 等，2017），但是，再生水灌溉向土壤引入了更多且更为复杂的病原菌，如大肠杆菌、军团菌、耐热大肠菌群、蛋白菌、金霉素单体和拟杆菌等（Kulkarni et al., 2018；Hamilton et al., 2018；韩洋 等，2018；Guo et al., 2017），以及有毒有害物质，如化合物（Liu et al., 2018；Pablos et al., 2018）、壬基酚（NP）和双酚A（BPA）（Wang et al., 2018）等。滴灌技术较适宜用于再生水灌溉，但若使用不当，也会增加硝态氮在土壤表层（0～15cm）的累积（栗岩峰 等，2010）。针对草坪草的研究也发现使用再生水灌溉可以节肥32%～81%（Fonseca et al., 2007）。再生水灌溉的土壤往往保持较高的水量（Morgan，2008），再生水灌溉后，土壤斥水性随再生水灌水量和灌溉时间的增加而显著增强（商艳玲 等，2012）。再生水灌溉提高了表层土壤的微团聚体稳定性，渗透速率明显降低（Zalacin et al., 2019a）。长期的再生水灌溉柑橘林应加强B和Cu的监测，以避免植物毒性和土壤质量退化（Pereira et al., 2011）。

综上可知，虽然再生水灌溉的优点比较突出，但所产生的盐分积累、病原菌繁殖以及部分有害物质的累积是不容忽视的重要问题，在生产实践中需要采取措施减弱或消除这些风险。

1.3.2 再生水灌溉对作物生长和品质的影响

目前国内外关于再生水灌溉对蔬菜、粮食作物的生长发育、产量品质的影响进行了细致的探讨。合理利用再生水，可以起到提质增效的作用，利用不当可能产生不利影响。如再生水灌溉对玉米幼苗的品质在短期内有一定促进作用，长期会产生一定抑制作用（仲洋洋 等，2014）；与河道水灌溉施氮磷肥相比，再生水灌溉表面施氮、再生水灌溉不施肥处理的总生产成本分别降低了8.8%、11.9%，农艺性状和米质性状差异不显著（Papadopoulos et al., 2009）；生活污水灌溉提高了穗粒数、千粒质量和结实率，但穗数明显减少，导致产量下降；污水灌溉可以提高水稻的N、P利用效率（尹爱经 等，2017）。长期再生水灌溉条件下叶绿素a（Chla）和总有机碳（TOC）与CH_4的排放关系密切（He et al.，2018），但是也有研究结果表明实行再生水亏缺灌溉时温室气体排放量没有显著变化（Maestre-Valero et al.，2018）。灌溉水源提供的总养分与水稻产量高度相关，说明再生水提供的养分是水稻产量提高的主要原因，再生水灌溉水稻与地下水灌溉水稻的重金属含量差异不显著，再生水灌溉小区稻米蛋白质量和精米率均显著高于地下水灌溉小区，与常规稻和品牌稻的量相近或居中（Jung et al.，2014）。再生水灌溉降低了柚子的气体交换和单位面积叶片干物质量（Romero et al.，2017）。然而，再生水灌溉的盐分导致了柑橘压力势的增加，并在蒸气压亏缺增加时维持了净光合速率和气孔导度。Romero-Trigueros et al.（2017）研究发现再生水灌溉显著降低了作物叶片叶绿素量。目前关于再生水灌溉对作物的影响的结果存在较大差异，可能与灌溉制度的设计、施肥量等有关，但关于作物生理特性方面的研究较少，多集中在产量、养分利用效率方面，有必要加强微观结构方面的研究，且针对不同作物发挥再生水提质增效的作用需要进一步探索特定的灌溉模式和配套的农艺措施。

上述研究表明，短期再生水灌溉对作物生长有益，但中长期可能对作物生理和产量产生不利影响，且再生水灌溉下不同作物的表现不尽相同。可见，针对不同作物需要加强再生水灌溉制度和灌溉方式以及配套添加剂等方面的研究。

1.3.3　水稻控制灌溉技术的应用与发展

在我国，间歇灌溉、干湿交替灌溉、蓄水控灌、控制灌溉等节水灌溉技术得到了广泛的研究与推广。其中，水稻控制灌溉技术在东北、江浙等地区得到大面积的推广。控制灌溉技术（CI）可以显著提升水稻节水效果、经济效益和抗倒伏能力，提升土壤微生物量和酶活性，降低农田排水量，有利于控制面源污染。He et al.（2019）、Peng et al.（2014）研究表明控制灌溉条件下采用控制排水措施，可以有效地降低稻田N流失。水稻生育期采用控制灌溉能显著缓解水稻-冬小麦轮作系统CH_4和N_2O造成的年度综合温室效应，同时保证作物产量（Hou et al.，2016）。与传统灌溉相比，CI导致土壤性质和土壤生化过程的显著变化，从而导致CH_4和N_2O排放的变化（Hou et al.，2012；Peng et al.，2011）。Yang et al.（2019）认为生物炭改良与控制性灌溉相结合，可能是减少温室气体排放，实现我国太湖地区稻田水土资源可持续利用的一个良好选择。施用控释氮肥稻田氮素排放量减少了$36.3kg/hm^2$，与淹灌相比，控制灌溉减少了$17.1kg/hm^2$的氮素排放量（Yang et al.，2013）。"控制灌溉+适宜地下水埋深"和"控制灌溉+控制地下水埋深"处理的水稻全生育期需水量均值较"浅湿灌溉+大田地下水埋深"处理分别减少25.3%和34.4%（彭世彰 等，2014）。文孝荣 等（2019）在新疆研究发现，水稻常规灌溉处理比控制灌溉处理的分蘖数高，但是最终有效分蘖数及成穗率要小于控制灌溉处理。控制灌溉处理增产的原因在于其穗长、穗粒数、结实率和千粒质量表现均比常规灌溉好。对于控制灌溉稻田来说，影响叶片水分利用效率的主要因素不是光合有效辐射量、气孔导度和土壤含水率等，而是胞间CO_2浓度、叶片温度和相对湿度等因素（庞桂斌 等，2017）。

综上可知，水稻控制灌溉技术在生产实践中应用广泛，取得了突出成效；但当前研究主要集中在清水灌溉下不同施肥方案、不同排水方式等农艺和工程措施上，鲜有将再生水作为水源进行水稻控制灌溉技术的研究。再生水作为非常规水源，与节水灌溉技术相结合，是实现农业灌溉的"开源节流"有益尝试。

1.3.4 微生物对土壤和作物的影响

土壤中含有大量的微生物，它们参与土壤的理化过程，使土壤的养分、通气性、结构等发生改变。植物促生菌有利于植物发育，其可以通过自身的代谢促进植物生长或直接影响植物代谢（Perez-Montano et al.，2014）。这类细菌在提高土壤肥力和作物产量方面具有重要的农业价值，从而减少化肥对环境的负面影响。增施微生物菌剂（肥），可以改善土壤微生物结构，提高微生物活性，降低土壤盐碱度，调节植物生长。施用不同微生物菌肥，可降低0~40cm土层含盐量，促进土壤微生物繁殖，提高细菌优势菌多样性（王婧 等，2012），不同微生物菌剂配施能够提高土壤速效磷含量（段雪娇，2015），也有研究发现接种微生物后土壤有机碳显著增加（Prasanna et al.，2012）。另外，微生物与土壤中的金属元素关系密切。Li et al.

（2016）研究发现根际微生物在砷（As）转化和作物吸收中起着关键作用。在常规施肥基础上施用复合微生物菌剂，土壤有机质、碱解氮、有效磷、速效钾、pH值等都有一定程度的提升（严建辉，2018）。添加有机肥和接种微生物处理的土壤定殖微生物数量增长最快（杨华 等，2017），不同微生物菌剂均改善土壤微生物群落结构（张丽娜 等，2018），但也有研究表明，EM菌并没有持续地抑制土壤传播的疾病或改变微生物的活动、细菌的组成和多样性（Shin et al.，2017），这可能与土壤结构、施肥量、作物种类等有关。

土壤过氧化氢酶与尿酶活性之间及其酶活性与微生物数量之间关系密切。氨化细菌和硝化细菌数量主要控制土壤过氧化氢酶活性，真菌数量是转化酶活性的主要影响因素，而尿酶活性主要受细菌数量影响；秸秆还田配施微生物菌剂及平衡施肥可以促进酶活性的增强，使土壤微生物群落物种个体数增加更多，分布更为均匀，但过量施用氮肥会抑制土壤酶活性和微生物的生长和繁殖（钱海燕 等，2012）。研究土壤微生物与土壤理化性质之间的关系对于改进土壤改良措施和方法具有重要理论意义。

微生物通过改变作物根际环境，对作物的生长发育产生重要的作用。使用细菌制剂是提高作物生产力和抗病性的一种生态友好和安全的方法（Dihazi et al.，2012）。郭夏宇 等（2015）认为微生物菌剂肥在超级杂交水稻生产上具有较高推广应用价值。研究发现穗重和植株生物量与土壤微生物碳量呈极显著正相关（Prasanna et al.，2012）。菌剂配施化肥处理可显著提高食葵、茶叶、葡萄、春笋等产量（王婧 等，2012；严建辉，2018；李文略 等，2019），提高猕猴桃果实品质（库永丽 等，2018）。

植物接种有益微生物的益处包括减少病原体感染、提高肥料利用效率和提高对干旱、矿物缺乏、盐分等非生物胁迫的抵抗力（Yang et al.，2009；Mart，2010；Kim et al.，2011）。酵母菌的多样性表现出植物生长促进特性，包括病原体抑制（El-Tarabily，2004；El-Tarabily，2006）、植物激素生产（Nassar et al.，2005）、磷酸盐增溶（Wainwright，1995；Mirabal et al.，2008）、N和S氧化（Wainwright，1995）、铁载体生产（Sansone et al.，2005）和菌根定植的刺激（Maria，2000；Mirabal et al.，2008）等。

研究发现促进植物生长特性的根际酵母菌在玉米农业生态系统中很常见（Sarabia et al.，2018a）。在当前的稻田管理条件下施用生物菌剂，能保证产量并有效降低温室气体排放，是水稻低碳高产可行的施肥措施（王斌 等，2014）。植物—微生物相互作用在水稻的碳氮吸收和养分循环过程中起着核心作用，它们能引起微生物群落结构的时空变化，从而改善土壤的健康状况（Prasanna et al.，2012）。段雪娇（2015）证实微生物菌剂能提高生物量C、生物量N。接种溶磷菌有利于提高水稻株高和生物量（Bakhshandeh et al.，2017）。与常规尿素相比，控释尿素、硝化抑制剂和有效微生物能显著降低CH_4和N_2O排放量，同时提高水稻产量（Wang et al.，2016）。添加75%的推荐施氮量与接种细菌株增加水稻生长指数（根和茎的高度、根鲜质量、地上部干质量、根分叉），且植株含氮量较高（Etesami and Alikhani，2016）。

上述研究表明，微生物可以增加土壤养分、丰富土壤细菌多样性，优化土壤环境，促进作物生长，对于农业生产是一种非常有效的外源添加剂。但是不同条件下微生物菌的配施方案存在差别，尤其对于特定的土壤类型、水肥环境以及不同作物需要寻找适宜的微生物菌配施方案。

1.3.5　枯草芽孢杆菌在农业中的应用

芽孢杆菌是一种广泛分布于环境中的细菌，能适应多种极端条件（Slonczewski，2011），能够产生对作物和工业化合物生产有益的物质（Stein，2005）。芽孢杆菌产生长寿、耐胁迫的孢子，并分泌促进植物生长和防止病原体感染的代谢产物，有助于细菌在恶劣的环境条件下生存（Douglas，2003）。芽孢杆菌还分泌胞外多糖和铁载体，抑制有毒离子的运动，有助于维持离子平衡，促进植物组织中水分的运动，抑制病原微生物的生长（Radhakrishnan et al.，2017）。枯草芽孢杆菌通过分泌大量的抗生素，杀灭一些动植物中常见的病原菌，同时分泌大量对牲畜有益的酶，因此枯草芽孢杆菌农业中的应用较为广泛（李明 等，2009）。

早期的研究表明，芽孢杆菌产生抗菌代谢物，可作为合成化学品的替代品或作为生物农药和生物肥料的补充，用于控制植物疾病（Ongena et al.，2005）。枯草芽孢杆菌能激活宿主体内诱导的系统抗性（ISR），从而增强宿主对植物病原菌的抗性，ISR可诱导植物合成茉莉酸（JA）、乙烯和NPR1调节基因（Garcia-Gutierrez et al.，2013）。枯草芽孢杆菌诱导的寄主酶包括过氧化氢酶（CAT）、过氧化物酶（POD）、多酚氧化酶（PPO）和超氧化物歧化酶（SOD）以及各种激素，其合成增加导致番茄幼苗早疫病和晚疫病的ISR（Chowdappa et al.，2013），如Jayaraj（2004）应用枯草芽孢杆菌（AUBS1）提高了水稻叶片中苯丙氨酸解氨酶（PAL）、过氧化物酶（POD）和蛋白质合成的宿主产量。接种P.putida和荧光假单胞菌或芽孢杆菌菌株对根结瘤、酶的产生和植物生长有积极的影响（Tilak，2006）。将丛枝菌根（AM）真菌与枯草芽孢杆菌（Bacillus subtilis）联合应用可提高天竺葵产量59.5%（Alam et al.，2011）。枯草芽孢杆菌可能调节嘉宝果内源激素的变化，提高植株抗逆性，并促进植株更好地吸收土壤基质中的营养，从而促进嘉宝果地上部生长发育并提高叶片叶绿素含量（柳沈辉 等，2018）。

芽孢杆菌属可以分泌多种次级代谢产物，刺激植物生长，增加抗病性，提高植物耐逆性（Radhakrishnan et al.，2017）。Grobkinsky et al.（2016）报道了巨大芽孢杆菌、蜡样芽孢杆菌和枯草芽孢杆菌均可以产生细胞分裂素。巨大芽孢杆菌和枯草芽孢杆菌在马铃薯根际产生的细胞分裂素促进根系细胞生长，增强根系的呼吸作用，进而增强根系吸收水分、矿质元素和生物合成细胞分裂素的能力，同时通过提高马铃薯叶片生殖生长关键时期的净光合速率来提高马铃薯的块茎产量（邢嘉韵 等，2017）。枯草芽孢杆菌对土壤N、P、K等营养元素的转化起到了一定的促进作用，发挥了一定的固氮、解磷、解钾等功能，进而增加了土壤养分，提高了肥料利用率（王丽花 等，2018）。施用枯草芽孢杆菌可以使马铃薯植株钾积累量增加（杨自超 等，2018）。徐洪宇 等（2017）在云南曲靖宣威地区配施枯草芽孢杆菌有机肥，与常规施肥方法相比，植烟土壤有机质、速效磷、速效钾和全钾含量分别提高8.38%、12.59%、5.51%和10.59%，使土壤细菌、放线菌数量分别增加177.66%和118.18%，真菌数量降低121.43%。在种植烟草土壤中施用枯草芽孢杆菌，可以起到提高土壤养分及酶活性的效果（胡亚杰 等，2019）。随着枯草芽孢杆菌菌剂施用量的增加，碱解氮和速效磷钾含量随之增加，但有机质含量则随之降低（蒋南 等，2019）。

另外，施加枯草芽孢杆菌后，土壤累积蒸发量、蒸发速率均显著降低（侯亚玲 等，2018），且枯草芽孢杆菌可以显著降低土壤的渗入能力，同时可减缓水分的迁移能力（侯亚玲 等，2017）。在盐碱土中施加3g/kg的枯草芽孢杆菌，对盐碱土壤的治理具有积极作用（周蓓蓓 等，2018）。单施情况下，1.6×10^8 CFU/mL枯草芽孢杆菌处理可以促进根系生长，显著降低土壤电导率（EC值）的同时提升土壤含磷量，增强土壤酶活性，增加细菌、放线菌数量（周艳超 等，2019）。内生枯草芽孢杆菌265ZY4可能通过代谢产物保护宿主叶绿素或促进了宿主叶绿素的合成，有效地保持或提高PLA活性，增加次生化合物类黄酮等的合成，增强宿主对逆境胁迫的忍耐力（杨成德 等，2019）。将枯草芽孢杆菌MF497446应用于Cd污染土壤上种植的作物，可以促进植物生长，消除（或减少）由食品安全导致的人类健康风险（El-Nahrawy et al.，2019）。

综上可知，枯草芽孢杆菌可以增加土壤酶活性和速效养分，改善土壤结构，促进作物吸收水肥，有必要不断拓展其在农业领域中的应用范围。目前采用非常规水进行农田灌溉时，枯草芽孢杆菌的应用仍较少。

1.3.6 酵母菌在农业中的应用

酵母菌在环境污染治理中的应用领域也越来越广泛（宋凤敏，2012），是一个具有独特营养策略的真菌群。土壤酵母菌作为细菌、动物和原生态掠食者的营养源，在土壤生态系统中起着重要的生态作用，如有机物质的矿化和能量的耗散；一些土壤酵母菌也可能在氮和硫循环中发挥作用，并有能力溶解不溶性磷酸盐（Botha，2011）。酵母菌施用粘红酵母菌剂可提高细菌群落的丰富度和均匀度，增强具有离子耦合转运的预测功能（李想 等，2019）。

Sarabia et al.（2018b）研究发现，酵母菌改变了玉米的比根长，提高了玉米地上部的磷含量，主要是因为酵母菌提高了AM菌丝对^{32}P的吸收，但对根系对^{33}P的吸收没有影响，另外，接种酵母菌促进玉米生长与磷的增溶（Nakayan et al.，2013）、提高磷的吸收（Sarabia et al.，2018b）和吲哚乙酸诱导的根系生长有关（Nassar et al.，2005），其他关于玉米的结果（Sarabia et al.，2017；Gollner et al.，2006）也证实了上述机制。酵母菌对其他作物如甜菜（El-Tarabily，2004）也起到了积极的作用。

酵母被认为是植物激素、维生素、酶、氨基酸和矿物质的丰富来源

（Barnett，1990）。虽然纤维素、几丁质或半纤维素的有效分解可能仅限于少数酵母类群（Stursova et al.，2012），但大多数酵母可以利用其他微生物提供的分解产物（Voriskova et al.，2013；Brabcov et al.，2018）。活性干酵母叶面喷施对植物生长、产量及化学成分有明显的促进作用（Mohamed，2005）。酵母促进了豆科植物叶绿素的形成，延缓了叶绿素的降解和衰老（Wanas，2002）。喷施氨基酸（D）或酵母（Y）后，小麦叶片中的总叶绿素和类胡萝卜素量增加（Hammad et al.，2014）。酵母菌可能在甜菜改良土壤的硝化过程中起主要作用（Wainwright，1996）。酵母菌迅速定殖水稻幼苗的根系，并在至少3周内保持较高的根数，与未接种的对照幼苗相比，接种根的干物质量增加了16%～35%（Amprayn et al.，2012）。接种酵母菌株或含有酵母的菌剂后，植株生长增强，光合作用生产力提高（Hu et al.，2013；Nassar et al.，2005）。

由上可知，酵母菌有较强的溶磷能力，可以增加叶片叶绿素量，增强叶片光合能力，在多种农作物上得到应用。

在生产中，通过向农田中同时添加两种或多种添加剂，以实现提升土壤肥力、增产保收的目的。如海藻精与微生物菌剂配施提高水稻产量（陈保宇，2017）、生物炭配施有机菌肥调整土壤氮素分布（李小磊 等，2019）、微生物菌剂与壮秧剂配施增强水稻秧苗生长（刘一江 等，2019）、巨大芽孢杆菌和枯草芽孢杆菌提升马铃薯产量（邢嘉韵 等，2017）等。单一添加剂往往只作用于土壤的某一个方面，如增加氮素供应或增加保水性能等，适宜比例的多种添加剂同时投入土壤中，能够形成互作，充分发挥每一种添加剂的作用，综合提升土壤增产潜力。如内生和根际细菌同时接种可以减少氮素施用量（Etesami and Alikhani，2016）。土壤中含有大量的细菌和真菌，细菌群落结构发生改变时，真菌群落结构也会变化（Jiang et al.，2016；Kulkarni et al.，2018；Maguire et al.，2020）。将一种促生细菌和一种促生真菌同时接种到土壤中，充分发挥二者改善土壤环境的作用，是土壤改良技术的一种有益尝试，如将AM真菌与枯草芽孢杆菌混合施用提高天竺葵产量（Alam et al.，2011）。但酿酒酵母与枯草芽孢杆菌进行配施的研究尚显不足。此外，目前国内外关于添加微生物菌剂对不同作物生长发育以及产量的影响研究比较多，一般认为其能够促进作物生长和发育，提高生物C、N积累量以及增加作物产量，但多数研究都是在清水灌溉条件下得出的结论，关于再生水灌溉条件下微生物菌调控作物生理生化方面的研究更是鲜见，且针对枯草芽孢杆菌和酵母配施方面的研究较少。

1.3.7 土壤微环境与作物生理之间的关系研究

土壤环境因子与作物生长发育及其生理生化指标的关系研究是当前的热点。水分、温度、施肥、覆盖措施、耕作方式、灌水方法等通过改变土壤环境来进一步影响作物生理生化作用。

土壤空间变异性对作物生长的影响比较明显（Stadler et al., 2015）。冬小麦播前深松耕作改善了土壤结构，提高了土壤通透性，有助于提高玉米株高和叶面积指数以及干物质积累量（王万宁 等，2017）。土壤在压实条件下，显著降低小麦光合能力（Wu et al., 2018）。玉米的净光合速率，蒸腾速率和气孔导度在干旱发生初期呈大幅度下降（麻雪艳 等，2018）。干旱胁迫降低了日本荚蒾光合速率、叶绿素相对含量（SPAD）等（李瑞姣 等，2018）。淹水致使土壤中气体交换速率明显下降，导致三叶草叶片超氧化物歧化酶（SOD）降低（Simova-Stoilova et al., 2012）。覆膜对半干旱小麦轮作土壤微生物群落有较短时间的影响，灌溉能提高土壤酶活性（Calderón et al., 2016）。淀粉基解磷菌H-2-5的气体、ABA的产生和对磷的增溶能力是促进植物生长的重要刺激因子，并通过盐渍土壤中的生理变化促进植物生长（Kim et al., 2017）。盐度也影响植物生长调节剂，抑制种子萌发和根茎生长。细菌分泌的吲哚乙酸和赤霉素可以补偿由盐胁迫导致的植物激素的减少，通过合成1-氨基环丙烷-1-羧酸（ACC）脱氨酶降低乙烯量来刺激植物生长（Radhakrishnan and Baek, 2017）。添加有机物质，特别是蛭石、生物炭和无机发泡剂等可增强植物光合作用（Sarma et al., 2017）。水稻可以通过渗透调节、离子稳态、脂肪酸化、抗氧化剂合成、基因和激素调节以及应激蛋白的合成来抵御土壤盐分胁迫（Hussain et al., 2018）。

综上所述，虽然土壤环境易对作物产生影响，但是不同作物对土壤环境的影响存在差异（Qiao et al., 2015；Gotze et al., 2016；Jiang et al., 2016），为明确二者之间的关系仍有诸多科学问题需要探索和研究。例如，土壤养分增加了，作物是否有效地进行吸收利用？作物根茎叶的发育能否支撑作物干物质的快速积累？土壤盐分降低了哪些元素起主导作用？面对更加紧张的水资源短缺局面，再生水等非常规水资源在我国农业中的应用越来越受到重视，而再生水灌溉引起的土壤盐渍化、病原菌污染等问题需要引起高度重视。针对这些问题，迫切需要弄清再生水灌溉对土壤—作物系统的影响机理，探明调节再生水灌溉土壤理化环境的关键因子，并提出适宜的调控方案，这对于实现再生水资源的农业安全高效利用具有重要的理论和现实意义。

1.4　研究内容和技术路线

1.4.1　研究内容

目前国内外关于土壤环境与作物生理的研究，主要集中于分析土壤环境的变化对作物生理指标的影响，并发现不同灌溉方式、不同添加剂、不同施肥量通过影响土壤环境进而改善作物的生理状况，但关于作物生理对土壤微环境的响应机理研究仍不够深入和细致，尤其是作物根、茎、叶解剖结构及抗氧化酶等生理生化的响应特征。针对再生水灌溉的研究多结合不同灌溉制度和灌溉技术进行探讨，将微生物菌剂应用于再生水灌溉的研究还鲜见报道，尤其是添加微生物菌剂后土壤理化环境的变化对作物生理的影响机理尚不明确。因此，将微生物菌剂应用于再生水灌溉，从土壤微环境与根、茎、叶生理响应的角度，分析土壤盐分、病原菌、细菌多样性的变化，研究微生物菌剂对作物生理的调控机制，为再生水的安全利用提供一定理论依据。本研究主要研究内容如下。

（1）微生物菌剂对再生水灌溉土壤养分和盐分的影响。主要研究枯草芽孢杆菌和酵母菌对土壤盐分、养分（N、P、K、有机质）、pH值的影响特征，剖析土壤微环境指标相互之间的关系，明确微生物菌剂对土壤微环境的调控机制。

（2）微生物菌剂对再生水灌溉土壤微生物多样性的影响。主要研究两种微生物菌剂（枯草芽孢杆菌和酵母菌）对水稻生育期内土壤细菌、真菌、芽孢杆菌、放线菌、大肠杆菌等的影响，剖析微生物多样性和群落结构，明确土壤微生物动态变化特征。

（3）微生物菌剂对再生水灌溉水稻生理特征的影响。主要研究再生水灌溉条件下作物生长发育动态、光合作用、根系活力、丙二醛（MDA）、SOD、POD、CAT、GS（谷氨酰胺合成酶）活性以及根、茎、叶的解剖结构，分析施加微生物菌剂下水稻生理的主要特征；并结合干物质、产量等，探索再生水灌溉条件下适宜的微生物菌剂配施比例。

1.4.2　技术路线

本研究在充分吸收国内外最新研究成果与研究方法的基础上，采用盆栽试验，通过系统采集相关的试验数据，并进行深入的理论分析，研究再生水灌溉条件下微生物菌剂对土壤养分、病原菌、微生物群落以及水稻生长指标（株高、分蘖、产量、抗倒伏能力等）、植株生理生化（根系活力、叶绿素、可溶性糖、抗氧化酶等）的影响，剖析土壤微环境与作物生理反应之间的关系，探究影响土壤细菌群落结构和功能丰度的主要影响因素，研究微生物菌剂调控作物生长的生理学机制以及再生水灌溉的环境效应，并寻找再生水灌溉下合适的微生物菌剂配施比例。技术路线如图1-1所示。

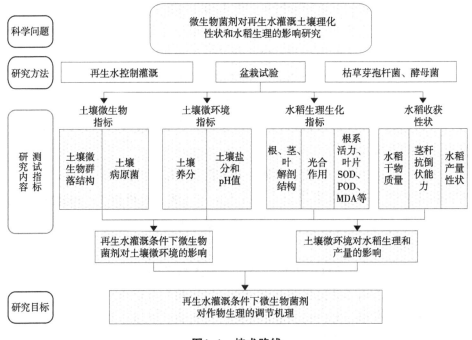

图1-1　技术路线

2 材料与方法

2.1 试验地概况

试验在中国农业科学院河南新乡农业水土环境野外科学观测试验站阳光板温室内进行。该试验站位于河南省新乡市，地处河南省北部，南临黄河，地理位置为N35°15′38″~N35°15′45″、E113°55′5″~E113°55′7″，海拔73.2m。所在区域为暖温带大陆性季风气候，多年平均气温14.1℃，无霜期210d，日照时数2 398.8h，多年平均降水量589mm，多年平均蒸发量2 000mm。

试验中的再生水取自距离试验站约5km的河南省新乡市骆驼湾污水处理厂，该厂采用A/O反硝化生物滤池和臭氧氧化组合工艺处理城市生活污水和少量工业废水。

2.2 试验材料

试验水稻品种为五粳519（新乡市新粮水稻研究所）。试验用塑料桶底部直径20.5cm，上部直径25cm，盆深28.5cm。试验用土取自试验站附近麦田，为沙质壤土，土壤速效磷、速效钾、有机质、Na^+、K^+、土壤电导率（EC）和pH值2018年分别为0.12mg/g、0.18mg/g、21.05mg/g、0.26mg/g、0.034mg/g、510μS/cm和8.94；2019年分别为0.13mg/g、0.21mg/g、20.1mg/g、0.16mg/g、0.044mg/g、447μS/cm和8.36；初始质量含水率为2.85%，饱和质量含水率为38.92%，体积质量为1.24g/cm³。枯草芽孢杆菌（*Bacillus subtilis*）、酿酒酵母（*Saccharomyces cerevisiae*，文中简称酵母菌）购置于山东苏柯汉生物工程股份有限公司，规格均为200亿CFU/g。

2.3 试验设计

试验于2018年5—10月和2019年5—10月开展，设计有两种灌溉水源，即再生水［经处理的城市生活污水，含有一定量养分，水质指标符合《城市污水再生利用 农田灌溉用水水质》（GB 20922—2007）］和清水（自来水）；供试作物为水稻，采用的灌水方式为控制灌溉（水稻控制灌溉技术可以显著提升节水效果、经济效益和抗倒伏能力，提升土壤微生物量和酶活性，降低农田排水量，有利于控制面源污染）。2018年、2019年再生水和自来水部分水质指标如表2-1所示。

表2-1 再生水和自来水部分水质指标

水源	日期	硝态氮/ ($mg \cdot L^{-1}$)	铵态氮/ ($mg \cdot L^{-1}$)	pH值	EC/ ($\mu S \cdot cm^{-1}$)	K$^+$/ ($mg \cdot L^{-1}$)	Na$^+$/ ($mg \cdot L^{-1}$)
2018年 再生水	6月25日	18.50	10.36	7.52	1 146.60	8.10	130.50
	7月16日	27.63	13.58	7.80	1 606.00	5.60	136.70
	7月24日	24.13	13.65	7.25	1 544.40	3.80	90.00
	8月12日	14.23	6.99	8.28	1 190.00	9.80	109.30
	9月23日	24.12	10.54	7.54	1 567.80	12.30	168.24
	平均	21.72	11.02	7.68	1 410.96	7.92	126.95
2018年 自来水	6月25日	12.58	0.12	8.56	256.00	2.50	15.60
	7月16日	13.61	0.58	8.94	249.00	2.90	18.40
	7月24日	8.52	0.64	9.01	267.00	2.60	18.20
	8月12日	9.58	1.23	8.54	289.00	2.80	15.60
	9月23日	11.56	1.56	8.76	235.00	3.20	13.50
	平均	11.17	0.83	8.76	259.20	2.80	16.26
2019年 再生水	6月13日	21.93	7.98	8.61	1 215.00	3.23	117.10
	7月3日	17.36	7.01	7.69	1 948.00	5.41	126.20
	7月30日	18.68	5.92	7.84	1 546.00	9.17	126.20
	8月12日	22.49	6.61	8.40	1 798.00	4.60	149.90
	9月29日	19.22	6.31	7.74	2 108.00	2.75	154.30
	平均	19.94	6.77	8.06	1 723.00	5.03	134.74

（续表）

水源	日期	硝态氮/ （mg·L^{-1}）	铵态氮/ （mg·L^{-1}）	pH值	EC/ （μS·cm^{-1}）	K$^+$/ （mg·L^{-1}）	Na$^+$/ （mg·L^{-1}）
2019年 自来水	6月15日	9.57	0.91	8.00	240.00	2.81	11.80
	7月16日	10.26	0.69	8.81	248.00	2.95	17.00
	8月1日	12.61	0.79	8.93	274.00	3.19	23.90
	9月3日	9.35	0.85	8.46	233.00	1.85	14.10
	9月29日	9.46	0.96	8.40	210.00	1.70	13.20
	平均	10.25	0.84	8.52	241.00	2.50	16.00

注：再生水中Cd含量<0.10μg/L，自来水中Cd未检出，Cd含量较低，忽略Cd对作物生长的影响。

控制灌溉方式，除移栽后保持0～5cm水层返青活棵外，其余生育期均不再建立水层，根层土壤水分控制上限为饱和含水率，下限根据不同生育期分别取土壤饱和含水率的60%～80%，即分蘖期60%～70%（前期高，后期低），拔节孕穗期70%～75%，抽穗开花期75%～80%，乳熟期65%～70%（灌水时间和灌水量见附录）。以移栽当天作为水稻生育期的第1天，记为S1。2018年5月3日整理苗床并浸种，5月5日播种，6月9日装土，6月12日泡土，6月14日移栽（每盆三穴，呈三角分布，每穴2株），10月18日收获，全生育期共127d。2019年4月17日整理苗床并浸种，4月29日播种，5月26日装土，5月31日施肥，并加水泡土，6月2日移栽，10月8日收获，全生育期共129d。每个处理种植20～30盆（以保证每次破坏取样3次重复以上），另有20盆作预备。每盆装土11kg，尿素、硫酸钾和磷酸二氢钾（均为分析纯）用量分别为2.5g、1.0g和3.0g，所有肥料均基施（将肥料均匀撒在土壤表面，人工搅拌使肥料与0～5cm表层土混合均匀）；土壤水分状况采用称质量法控制（电子秤，20kg）。

在控制灌溉下设清水和再生水灌溉共两个处理，分别为Q、Z，以浅水勤灌（保持0～5cm水层）为对照（CK）；恢复清水灌溉后，试验设枯草芽孢杆菌（B）和酵母菌（Y）配施处理（以下简称菌剂处理）共5个，参照柳沈辉 等（2018）、胡亚杰 等（2019）菌剂施加量，B和Y施量分别为5g和0g、3.75g和1.25g、2.5g和2.5g、1.25g和3.75g、0g和5g，并设不施加菌剂处理（J0）；2019年，在再生水灌溉下分别设B3Y1、B2Y2处理，B和Y施用量分别为3.75g和1.25g、2.5g和2.5g。试验处理设置见表2-2和表2-3。

表2-2 再生水—清水控制灌溉试验设计

处理	水源	S1~S10	S11~S60	S61~S127
CK	清水	清水—淹水	清水—淹水	清水—淹水
Q	清水	清水—淹水	清水—控制灌溉	清水—控制灌溉
Z	再生水	清水—淹水	再生水—控制灌溉	再生水—控制灌溉

表2-3 菌剂试验设计

菌代号	处理	菌施量	说明
B0Y0	J0	0	
B	J1	枯草芽孢杆菌5g·盆$^{-1}$	
Y	J5	酵母菌5g·盆$^{-1}$	
B3Y1（3∶1）	J2	枯草芽孢杆菌3.75g·盆$^{-1}$、酵母菌1.25g·盆$^{-1}$	
B2Y2（1∶1）	J3	枯草芽孢杆菌2.5g·盆$^{-1}$、酵母菌2.5g·盆$^{-1}$	
B1Y3（1∶3）	J4	枯草芽孢杆菌1.25g·盆$^{-1}$、酵母菌3.75g·盆$^{-1}$	
B3Y1（3∶1）	B3Y1	枯草芽孢杆菌3.75g·盆$^{-1}$、酵母菌1.25g·盆$^{-1}$	2019年增加试验
B2Y2（1∶1）	B2Y2	枯草芽孢杆菌2.5g·盆$^{-1}$、酵母菌2.5g·盆$^{-1}$	2019年增加试验

注：移栽后10~60d再生水灌溉，其余时期清水灌溉；移栽后61d，将菌剂与清水（再生水）混合均匀后，灌入盆中。

2.4 试验测试指标和计算方法

2.4.1 灌水水质指标

返青期、分蘖期、拔节孕穗期、灌浆期、成熟期采集水样5次，1次灌水过程中分3次取样，采集水样2瓶（每瓶500mL），样品采集后及时送检或冷冻保存，测定硝态氮、铵态氮、pH值、电导率、Na$^+$、K$^+$以及微生物等。

2.4.2　土壤含水率和空气温湿度

采用称质量法测定整盆土壤含水率；烘干法测定0～5cm、5～15cm、15～25cm土层土壤含水率（见附录）；采用精创GSP-6记录温室温度和湿度，每小时记录1次。

2.4.3　作物生长生理指标

S11、S21、S31、S41、S51、S61、S71、S80、S90、S104、S124（2019年测定时间为S12、S23、S32、S42、S51、S61、S70、S83、S91、S107、S117、S129）测定水稻株高（土表面与最高叶片之间的垂直距离）、茎蘖数（整盆）；于S12、S31、S61、S72、S91、S107、S127（2019年测定时间为S61、S71、S91、S129）测定叶面积（将整盆水稻绿色叶片全部剪下来，放置在扫描仪上拍照，并根据叶片部分的面积与照片面积的比值换算出叶面积）和干物质量（105℃杀青30min，80℃烘干至恒质量）；于S21、S31、S41、S51、S61、S71、S90、S107（2019年测定时间为S61、S71、S91）取水稻倒二叶，测定叶片可溶性糖量、可溶性蛋白量、叶绿素量以及SOD、POD、CAT、MDA、GS活性等以及根、茎、叶解剖结构。SOD（每毫克组织蛋白在1mL反应液中SOD抑制率达50%时所对应的SOD量为1个SOD活力单位U）、POD、CAT（每毫克组织蛋白每秒钟分解1μmol的H_2O_2的量为1个活力单位U）采用南京建成试剂盒测定；GS采用萨博试剂盒测定（每毫克组织蛋白在反应体系中每分钟使540nm下吸光值变化0.01定义为一个单位U）；MDA采用TBA方法测定；可溶性糖采用蒽酮比色法测定；可溶性蛋白量采用考马斯亮蓝测定（李合生，2000）。于S54（2019年测定时间为S56、S71）测定水稻倒二叶光合速率；于S31、S61、S71、S91（2019年测定时间为S61、S71、S91）测定根系活力。每个处理3次重复。采用Logistic方程对水稻地上部干物质进行拟合分析。根、茎、叶解剖结构测定方法：取新生白根根尖5～15mm，基部茎节或第1茎节中间5mm片段，倒二叶中间10mm片段，均取鲜样，经酒精脱水，二甲苯透明后，将材料浸蜡，最终包埋于石蜡中，随后切片，使用番红—固绿染色，加拿大树胶封片。测试仪器有Li-6400光合仪、SPAD-502叶绿素仪、温湿度记录仪、紫外分光光度计、冷冻离心机等。

2.4.4　土壤微环境指标

　　每个处理取3盆水稻进行取土，取样深度为0～25cm，分为3层，分别为0～5cm、5～15cm、15～25cm；每个土层取2份土样，一份风干，一份置于4℃冰箱冷藏。于S31、S61、S71、S91、S127（分别对应分蘖期、拔节期、孕穗期、灌浆期、枯熟期；2019年测定时间为S61、S71、S91）测定土壤硝态氮、铵态氮、速效磷、速效钾、有机质、Na^+、K^+、pH值、土壤电导率（EC）以及土壤细菌、芽孢杆菌、真菌、大肠杆菌、大肠菌群、放线菌、沙门菌等；于S20、S29、S35、S42、S49、S56、S61、S70、S80、S104、S119测定土壤氧化还原电位。土壤（湿土）硝态氮、铵态氮采用AA3流动分析仪测定，pH值采用pH计测定，土壤电导率采用电导率仪测定，速效磷、速效钾参照《土壤农业化学分析方法》（鲁如坤，1999）测定，Na^+、K^+采用火焰光度法测定；土壤细菌、真菌等采用特定培养基培养，然后涂布稀释平板计数；土壤氧化还原电位采用氧化还原电位仪测定（原位测定，将探头插入土壤10cm深处）。

　　2018年S127（2019年S129）测定细菌多样性和功能分析，将3层土壤（湿土）等量混合均匀后装入灭菌的4mL离心管中，并存储在-80℃冰箱中。每个处理3次重复。土壤微生物群落结构采用高通量测序平台进行分析。16S引物名称为338F（ACTCCTACGGGAGGCAGCAG）和806（RGGACTACHVGGGTWTCTAAT）；16S功能预测分析首先利用PICRUSt软件对样本OTU进行标准化，排除物种基因组中copy成分的干扰，进而根据各序列所对应的greengene ID，获得COG和KEGG信息，并计算COG和KEGG丰度。

2.4.5　茎秆抗倒伏性状

　　收获前收取单株茎秆，紧贴土表面，用剪刀剪断后，放入取样袋，每个处理收取6株；测定茎秆长度、重心高度（沿基部茎节剪断植株，将植株横放在美工刀上，待植株呈水平放置时，记录刀片在植株上的位置，该位置

至基部的距离记为重心高度）、鲜（干）质量，从茎秆最下部往上取10cm
截断，放在茎秆抗折力测定仪上测量茎秆抗折力，进而计算弯曲力矩（马
均 等，2014）（BM）、倒伏指数（濑古秀生，1962）（倒伏指数200为植
物抗倒伏的临界值，倒伏指数越大，说明植物茎秆抗倒伏能力越差）、抗倒
指数（李金才 等，2005）等。

弯曲力矩计算式为：BM=节间基部至穗顶长度（cm）×该节间基部至
穗顶鲜质量（g）×0.001×9.8。倒伏指数（LI）计算式为：LI=BM/抗折
力×100。抗倒指数计算式为：茎秆抗倒指数（CLRI）=茎秆机械强度/茎秆
重心高度（CLRI=CMS/CHCG）。

2.4.6　产量指标

每盆单独测产，4次重复，包括千粒质量、穗长等。随机选取4穗，分
别称取单穗质量，计算每穗实粒数和瘪粒数，并分别称取干质量。

采用Excel 2010进行数据统计和作图，SPSS 19.0进行方差分析、相关
性分析和曲线拟合，Canoco 5.0进行冗余分析（RDA），R语言工具中的
vegan包进行细菌多样性和群落结构的分析和作图。

2.5　灌水量和空气温湿度

整个生育期各处理灌水量如图2-1所示。从图2-1（a）可以看出，
2018年，施加菌剂处理的灌水量均较低，且处理间差异较小，仅为CK的
1/2左右。Q、Z处理分别较CK节水40.72%、45.23%；Z处理灌水量与J0
处理相同，二者均低于J1～J5处理，Z、J0～J1处理明显较Q处理降低了
5.84%～7.60%。从图2-1（b）可以看出，2019年，CK灌水量与2018年相
当，与CK相比，Q、Z、J0、J1、J2、J3、J4、J5、B3Y1、B2Y2处理分别
降低了52.68%、56.30%、54.23%、55.27%、56.30%、55.79%、55.79%、
55.79%、57.86%、57.86%，J0、J1、J2、J3、J4、J5、B3Y1、B2Y2处理均
低于Q处理，B3Y1、B2Y2处理低于Z处理和其他菌剂处理。说明再生水灌
溉时施加菌剂能够进一步降低灌水量。

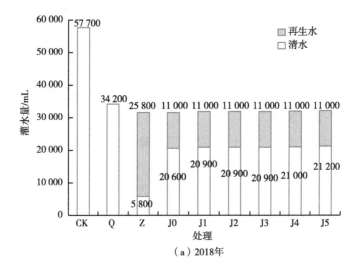

（a）2018年

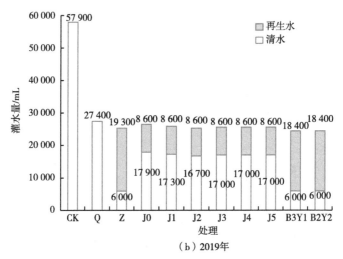

（b）2019年

图2-1 不同处理全生育期灌水量

2018年、2019年水稻试验整个生育期温室温湿度如图2-2所示。2018年，整个生育期温室平均温度为28.16℃，平均湿度为68.64%，分别比外界大气温度和湿度高2.1℃和4.7%。2019年，整个生育期温室平均温度为28.06℃，平均湿度为52.98%，分别比外界大气温度和湿度高1.5℃和4.1%。S61～S71，2018年平均温度和湿度分别为29.56℃、72.32%，2019年为29.17℃、51.30%，2019年比2018年低0.39℃和21.02%，湿度降幅较大。

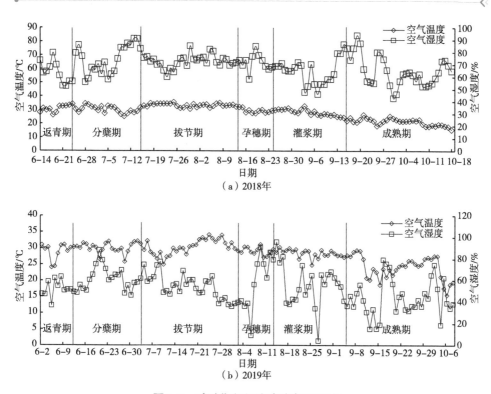

（a）2018年

（b）2019年

图2-2　试验期间温室内空气温湿度

3　施加微生物菌剂对水稻生长发育的影响

株高和分蘖是水稻最重要的两个生长指标，合理的株高是水稻高产的关键，有效分蘖数、穗质量和千粒质量的多少决定了水稻产量的高低。水稻的分蘖数是水稻产量形成的重要因子（Alam et al.，2009），但Pasuquin et al.（2008）认为水稻种植过程中并不一味地追求数量过多的分蘖，提高成穗率是获得水稻高产的关键。水稻的生长发育受土壤水分、养分、盐分、气温等因素影响，充足的水分和养分可以保障水稻正常发育；较高的土壤盐分会抑制水稻根系、花等器官发育，较低的气温可能会延长水稻生育期。而较高的干物质积累量是水稻提升产量的重要基础。Board et al.（2005）证实生物量与作物后期的籽粒产量存在紧密联系，是决定作物经济产量的主要因素之一，尤其增加花前干物质量的积累是水稻获得高产的前提（Ntanos et al.，2002；Ye et al.，2013）。有学者研究表明，水稻单位面积穗数与产量呈显著正相关，增加穗粒数是扩大水稻库容量的主要途径（Huang et al.，2011）。

不同播期水稻茎蘖数、成穗率、干物质积累量、产量及其构成存在显著差异（赵黎明 等，2019），不同灌水量水稻株高、叶面积和干物质积累量也存在明显差异（马晓鹏 等，2019）。但适度的水分亏缺会延长根系入土深度，增强根系对水分和营养的吸收；控制水稻有效分蘖，增加每穗实粒数和千粒质量（Serraj et al.，2011）；严重的干旱或持续干旱则会造成水稻产量大幅下降（Recep，2004），抑制水稻颖花发育，降低穗粒数和每穗实粒数（Dolferus et al.，2011）。虽然节水灌溉可以提高水分利用效率，但有时也会抑制水稻生长发育。在节水灌溉处理下，水稻分蘖数会相对减少，株高降低（杨生龙 等，2010）

再生水灌溉增加了土壤中的盐分。盐碱胁迫使水稻植株生长减缓、生物量和磷积累量减少、Na^+/K^+升高、千粒重和结实率显著降低（田志杰，2017）。Khan et al.（2003）研究发现，盐碱胁迫造成盐碱敏感品种幼穗分化严重受抑，且结实率下降明显，进而影响稻米的产量和品质（Shereen et al.，2002）。Rima et al.（2018）在盐胁迫（50mmol/L NaCl）下，通过应用根际细菌（PGPR）处理植株发现，这些植株表现为更高的植株高度、更低的穗部损伤和产量损失，并提出应用促进植物生长的根际细菌（PGPR）来降低盐胁迫对水稻的影响是有效的和可持续的。

采用合适的施肥模式和农艺措施可以改善水稻的生长发育状况。60%化肥+40%有机肥的施肥模式通过提高水稻有效穗数和穗粒数使水稻产量显著高于其他施肥处理（方畅宇 等，2018）；添加生物炭有利于增加株高和分蘖数（陈芳 等，2019）。化肥配施微生物菌剂明显提高水稻生物量，增加水稻株高、根长、根体积、根表面积等根系发育指标（张雅楠 等，2019）。施用生物菌剂可以促进水稻株高、叶面积、分蘖数、生物量及产量等增加，其中经过浸种处理且施用推荐剂量浓度生物菌剂处理的水稻增益效果最好（王振，2017）。

3.1　再生水与清水不同灌溉模式对水稻株高的影响

不同处理水稻株高的变化过程如图3-1所示。从图3-1（a）可以看出，2018年，移栽0～30d，水稻株高增长较快，31～60d，增长较缓慢，61～80d，株高又有一次快速增长，81～124d，株高变化较为平缓。S11～S61，Q、Z处理株高均受到抑制，与CK差距不断加大。S61，Q、Z较CK分别显著降低了16.79%、19.53%（$P<0.05$），说明水分胁迫对水稻株高的影响较大。S31～S41，Z处理株高增长速率高于Q处理，其中S31时Z处理株高较Q显著增加了4.72%（$P<0.05$）；S51～S124，Z处理株高逐渐与CK和Q处理差距增加，生育后期，3个处理间差异均显著。综上可知，控制灌溉条件下，采用再生水灌溉时，可以在短时间内促进株高的增长，但长时间灌溉下株高受到持续抑制。

从图3-1（b）可以看出，2019年，CK、Q、Z处理整个生育期株高呈先增加后稳定最后有所降低的趋势。S23，与CK相比，Q处理株高增加了1.15%，Z处理降低了7.26%，但差异均不显著。S32，Z处理株高显著降低了9.4%，而Q处理虽降低了4.41%，但差异不显著。S42后，Q、Z处理株高均显著低于CK，但二者间无显著差异。说明，控制灌溉可以显著降低水稻株高，与清水灌溉相比，采用再生水灌溉不会显著降低水稻株高。

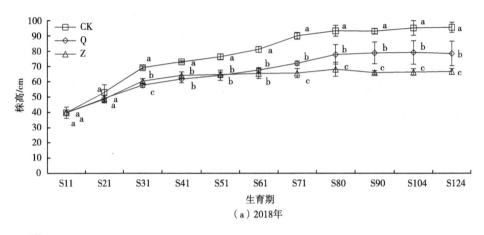

（a）2018年

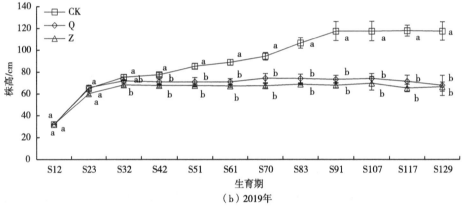

（b）2019年

图3-1 不同灌水模式水稻株高的变化过程

注：图中相同时间对应的不同字母表示处理间在0.05水平上差异显著，下同。

3.2 施加菌剂对水稻株高的影响

不同菌剂处理水稻株高的变化过程如图3-2所示。由图3-2（a）可知，2018年，S71（施加菌剂10d后，以下类推），J0、J2、J3、J5处理株高均高于Z处理，J4处理株高低于Z处理，但差异不显著；S80，J0～J5处理株高均高于Z，施加菌剂处理J1～J5均高于J0，但处理间差异不显著；S90～S124，

J0、J2、J3、J4处理株高显著高于Z处理，J1、J5处理均高于Z处理，但差异不显著，其中S90，J0、J2、J3、J4处理株高较Z处理分别显著增加了12.70%、14.45%、15.78%、18.17%（$P<0.05$）；S90～S104，J4处理株高均最高，S124，J4处理株高较S104时有较大幅度降低，但仍高于J0处理。综上可知，控制灌溉条件下，前期采用再生水灌溉，后期采用清水灌溉，可大幅增加株高，添加适当的菌剂时增加幅度更明显，J4处理增幅最大。

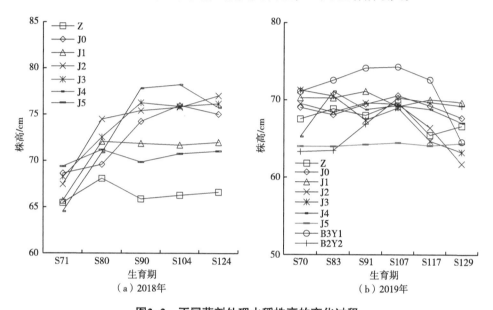

图3-2 不同菌剂处理水稻株高的变化过程

由图3-2（b）可知，2019年，S70，与Z处理相比，J0～J3、B3Y1处理分别增加了2.22%、4.07%、2.96%、5.55%、5.29%，但处理间差异均不显著；J4、J5、B2Y2处理分别降低了3.38%、5.18%、6.22%，但与Z处理差异不显著，J5、B2Y3处理显著低于J3处理。S83，J0、J2、J5处理株高低于Z处理，而其他处理高于Z处理，但差异均不显著，B2Y2处理显著低于J1、J3、J4、B3Y1处理，J5处理显著低于J4和B3Y1处理。S91，J0、J1、J2、J4、B3Y1处理高于Z处理，其余处理低于Z处理，但差异不显著，B3Y1处理显著高于J5处理，增加了9.88cm。S107，与Z处理相比，J0、B3Y1、B2Y2处理分别增加了1.26%、6.57%、0.86%，但差异不显著，J1～J5处理则降低了0.36%～7.49%；B3Y1处理显著高于J5处理。S117，除J3、J5外，其余处理均高于Z处理，但与Z处理差异均不显著，B3Y1处理比J5处理增加了8.50cm。S129，J0、J1、J4、B2Y2处理分别增加了1.58%、4.58%、0.63%、3.86%，J2、J3、J5、B3Y1处理则分别降低了7.32%、5.07%、3.38%、3.08%，但与Z处理差异均不显著，而J1处理与J2处理差异显著。Z、J0、J1处理株高表现相似，随时间变化较小，生育期末较最高值降幅小于2.6%；J2、J3处理株高表现相似，先趋于平稳，生育期末较最高值降幅超过10%；J4处理株高呈起伏变化，最终小幅降低，J5处理株高变化较小；B3Y1处理株高先增加后降低，生育期末较最高值降低了13.06%，B2Y2处理呈增加趋势，最后小幅降低。B3Y1处理株高S70~S129均高于J2处理，B2Y2处理S70~S91低于J3处理，之后均高于J3处理，说明菌剂对水稻的生长影响因水质不同而存在较大差别。施加不同菌剂对水稻生长的影响存在较大差异。但恢复清水灌溉后，施加菌剂处理并不能显著促进水稻生长。

3.3　再生水与清水不同灌溉模式对水稻分蘖数的影响

不同灌溉模式水稻分蘖数的变化见图3-3。从图3-3（a）可以看出，2018年，S11~S61，各处理分蘖数不断增加，Q、Z处理分蘖数均低于CK，Z处理分蘖数高于Q处理，但二者差异不显著。S31，Q处理分蘖数显著低于CK，S51、S61，Q、Z处理分蘖数与CK差异显著（$P<0.05$），S61，二者分别比CK降低了29.51%、26.23%。水稻前中期采用控制灌溉不利于水稻分蘖，灌水30d内与CK差距不大，灌水50d与CK差距较大，而采用再生水灌溉一定程度上有利于水稻分蘖。S71~S104，各处理分蘖数变化较为平缓，S124，各分蘖数增幅较大。S71，与CK相比，Q、Z处理分蘖数均低于CK，但差异不显著。S80，Q处理分蘖数较CK显著减少了26.05%（$P<0.05$），Z处理分蘖数高于Q处理。S90，Z处理分蘖数与CK差距逐步缩小，Z处理分蘖数显著高于Q处理。S104，Z处理分蘖数超过CK，但两者差异不显著，Q处理分蘖数最少，较CK显著减少了22.61%（$P<0.05$）。S124，Z处理较CK显著增加了36.36%，Q处理与CK较为接近。控制灌溉下，再生水会显著增加水稻生育后期的分蘖数，清水则降低了中期的分蘖数。

从图3-3（b）可以看出，2019年，CK分蘖数先增加后降低再增加；Q处理分蘖数呈增加趋势，生育末期增幅较大；Z处理分蘖数也呈先增加后降低再增加趋势，但呈降低趋势的时间较Q处理长。S23，与CK相比，Q、Z处理分别增加了10.71%、14.29%，但处理间差异均不显著。S32，Q处理分蘖数较CK增加了17.65%，而Z处理则降低了1.96%，但差异仍不显著。S42，Z处理分蘖数较CK显著降低了23.26%，Q处理降低了16.28%，但差异不显著。S51，各处理分蘖数表现与7月13日相似。S61，Q、Z处理分蘖数较CK分别降低了21.00%、21.00%。S70，与CK相比，Q、Z处理分别降低了8.25%、16.49%。S83，Z处理分蘖数较CK增加了6.12%，但差异不显著，Q处理也降低了3.06%。S91，Q处理分蘖数较CK增加了7.45%，Z处理降低了24.47%，Z处理与Q处理差异显著。S107，Q、Z处理分蘖数均低于CK，但差异不显著。S117，Q处理分蘖数较CK增加了7.62%，Z处理低于CK，Z处理与Q处理差异显著。S129，Q处理分蘖数较CK增加了8.80%，Z处理较CK降低了39.20%，差异均不显著。控制灌溉条件下，全生育期再生水灌溉严重抑制水稻分蘖。

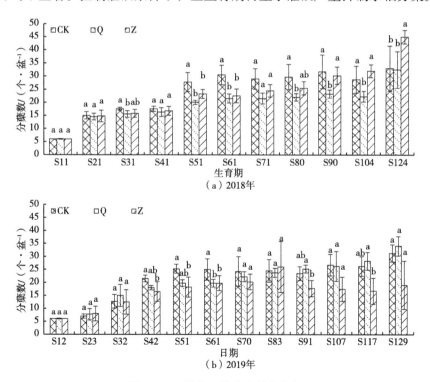

图3-3　不同灌水模式水稻分蘖数

3.4 施加菌剂对水稻分蘖数的影响

施加菌剂处理水稻分蘖数的变化见图3-4。由图3-4（a）可知，2018年，S71（施加菌剂10d后），与Z处理相比，J2、J5处理分蘖数分别降低了11.22%、15.31%，J3、J4处理分别增加了7.14%、2.04%，但差异不显著，且J3处理显著高于J5处理（P<0.05）。S80，J0~J5处理分蘖数均高于Z处理，但差异不显著。S90，J0~J5处理分蘖数均低于Z处理，但差异不显著。S124，与S104相比，Z处理分蘖数增幅达40.61%，J0~J5处理分蘖数均低于Z处理（19.44%~32.78%），其中J0、J2、J3处理与Z处理差异显著。综上可知，控制灌溉条件下，前中期采用再生水灌溉，后期恢复清水灌溉，施加菌剂20d内可小幅增加水稻分蘖数；与不施加菌剂相比，施加菌剂处理生育末期不会显著增加分蘖数。

由图3-4（b）可知，2019年，S70，与Z处理相比，J0~J5、B3Y1、B2Y2处理分蘖数分别增加了7.41%、6.17%、4.94%、8.64%、2.47%、12.35%、1.23%、3.70%，但处理间差异均不显著，S83，各处理分蘖数均低于Z处理，但差异均不显著。S91~S129，各处理分蘖数均高于Z处理。S91，J0~J3、J5、B2Y2处理分别显著增加了39.44%、33.80%、29.58%、28.17%、38.03%、30.99%，J0处理显著高于J4处理；S107，除B3Y1处理外，其余处理均显著高于Z处理，B3Y1处理显著低于J0、J1、B2Y2处理。S117，各处理分蘖数表现与S107相似，B3Y1处理显著低于J0、J5、B2Y2处理。S129，除B3Y1处理外，其余处理分蘖数均显著高于Z处理，其中J0、J1处理分蘖数增幅超过100%，J2~J5处理增幅较为接近，在80%左右，B2Y2处理增幅为59.12%。控制灌溉条件下，恢复清水灌溉显著促进水稻分蘖，尤其是生育期末增幅达到最大，生成了大量的无效分蘖；而不论清水灌溉还是再生水灌溉施加菌剂均可以显著增加水稻分蘖数，但增幅低于未加菌剂处理。说明施加菌剂可以一定程度上抑制无效分蘖的生成。清水灌溉时不同菌剂对水稻分蘖数的影响无显著差别，均能够促进分蘖；再生水灌溉时，施加菌剂的促进作用弱于清水，且B2Y2更加有利于水稻分蘖，生育期末无效分蘖增多。

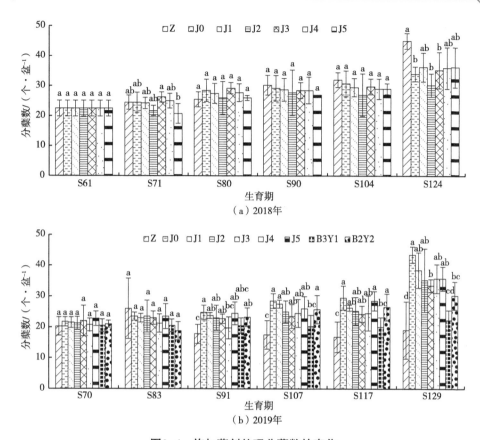

图3-4 施加菌剂处理分蘖数的变化

3.5 施加菌剂对水稻根、茎、叶、穗生长发育的影响

3.5.1 2018年根、茎、叶、穗发育情况

2018年施加菌剂处理水稻干物质量、根长、穗数和穗长如图3-5所示。从图3-5（a）可以看出，各处理根干物质量随时间不断增加。S71，与Z处理相比，J0、J1、J2、J3、J4、J5处理根干物质量分别增加了7.60%、22.29%、51.68%、74.91%、86.76%、68.75%，其中J3、J4、J5处理与Z、J0处理差异显著（$P<0.05$）；S91，Z处理根干物质量较S71增加了1倍以上，J0～J5处理根干物质量均低于Z处理，其中J0、J2处理根干物质量较Z处理显著降低了55.38%、23.17%（$P<0.05$），但J1～J5处理根干物质量显著

高于J0处理；S107，J0～J5处理根干物质量与Z处理差异不显著；但J1～J5处理根干物质量仍高于J0处理，但差异不显著；S127，各处理根干物质量均较前期有所增加，J0～J5处理均高于Z处理，J4增幅最大，且较Z处理显著增加了39.88%（$P<0.05$），且高于J0处理，但差异不显著。说明恢复清水灌溉并施加菌剂有利于增加水稻根干物质量，以J4处理增幅最大。

从图3-5（b）可以看出，各处理茎干物质量先增加后降低；S71，与Z处理相比，J2、J3、J4处理茎干物质量分别增加了3.05%、16.09%、2.86%，其中J3处理与Z处理差异显著，J0、J1、J5处理茎干物质量低于Z处理，但差异不显著。S91，J0～J5处理茎干物质量均低于Z处理，无显著差异，但J1～J5处理茎干物质量高于J0处理；S107，J0～J5处理茎干物质量均高于Z处理，其中J4处理显著增加了24.47%，且J2、J4处理高于J0处理，但差异不显著；S127，J0～J5处理茎干物质量均高于Z处理，其中J4处理显著增加了45.74%，且J4处理显著高于J0处理。说明恢复清水灌溉并施加菌剂有利于增加水稻茎干物质量，以J4处理增幅最大。

由图3-5（c）可知，各处理叶干物质量随时间先增加后降低。S71，J0、J1、J3、J4处理叶干物质量高于Z处理，其余处理低于Z处理，但差异均不显著，而J3、J4处理显著高于J5处理；S91，J1、J2、J3、J4、J5处理叶干物质量较Z处理分别增加了23.89%、36.82%、54.80%、51.92%、31.76%，其中J2、J3、J4、J5处理与Z处理差异显著，J0处理叶干物质量低于Z处理，但无显著差异；S107，J0～J5处理叶干物质量均高于Z处理，且J1～J4处理高于J0处理，其中J4处理较Z处理显著增加了24.20%；S127，J0～J5处理叶干物质量较Z处理降低了8.36%～16.83%，但差异不显著，可能是因为生育后期叶片干物质量向籽粒中转移的比例高于Z处理。说明恢复清水灌溉并施加菌剂短期有利于增加水稻叶干物质量，但最终叶干物质量低于Z处理。

由图3-5（d）可知，S71，与Z处理相比，J0、J4处理增加了叶面积，其余处理降低了叶面积，但差异不显著；S91，J0、J1、J2、J3、J4、J5处理叶面积较Z处理分别增加了21.09%、40.36%、48.96%、60.02%、42.53%、60.24%，其中J3、J5处理与Z处理差异显著，Z、J0处理叶面积较S71有所降低，而J1～J5均增加。说明恢复清水灌溉并施加菌剂有利于增加水稻叶面积，J3、J5增幅较大。

分析图3-5（e）可知，S71，J0～J5处理根长与Z处理无显著差异，J4处理高于Z和J0处理；S91时，J1、J2、J3、J4、J5处理根长较Z处理分别增加了16.72%、17.64%、9.66%、21.93%、34.23%，J5处理与Z、J0处理差异显著；S107，J0～J5处理根长均大于Z处理，J4、J5处理较Z处理增加了33.77%、26.68%，J4与Z处理差异显著；S127，J4、J5处理根长仍大于Z处理，但差异不显著，J0～J3处理与Z处理差距较小。说明恢复清水灌溉并施加菌剂可在一定程度上增加根系长度，且以J4、J5处理增幅最大。

分析图3-5（f）可知，各处理穗干物质量随时间不断增加。S91，J0～J5处理穗干物质量较Z处理增加了1.36～3.74倍，J0、J2、J3、J4、J5处理与Z处理差异显著，J4增幅最高；S107，J0～J5处理穗干物质量较Z处理增加了2.80～5.13倍，差异显著，J3、J4增幅较高。S127时，J0～J5处理穗干物质量与Z处理差异显著，增幅为3.33～5.27倍，其中J2处理增幅最高，J0、J3处理穗干物质量较S107增幅较大。说明恢复清水灌溉并施加菌剂可以显著增加水稻穗干物质量，J2处理最为明显。

分析图3-5（g）可知，各处理穗数随时间不断增加。S91，J0～J5处理穗数较Z处理显著增加了1.62～2.30倍，J2、J5处理增幅最高，且高于J0处理；S107，J0～J5处理穗数较Z处理增加了14.04%～43.86%，其中J4处理与Z处理差异显著，且高于J0处理。S127，与Z处理相比，J0、J1、J2、J3、J4、J5处理穗数分别增加了13.11%、32.79%、36.07%、37.70%、44.26%、26.23%，其中J4处理增幅最高，且高于J0处理，但二者差异不显著。说明恢复清水灌溉并施加菌剂可以显著增加水稻穗数，以J4处理最为明显。

由图3-5（h）可知，S91，与Z处理相比，J0、J1、J2、J3、J4、J5处理穗长分别增加了15.08%、9.43%、17.44%、17.25%、23.85%、25.64%，除J1处理外，其余处理与Z处理差异显著。J4、J5处理穗长高于J0处理，但差异不显著。S107，J0～J5处理穗长仍高于Z处理，但差异不显著；S127，与Z处理相比，J0、J1、J2、J3、J4、J5处理穗长分别增加了12.81%、26.00%、26.98%、25.90%、25.22%、23.07%，其中J1～J5处理与Z处理差异显著，且这5个处理虽高于J0处理，但差异不显著。说明恢复清水灌溉并施加菌剂可以显著增加水稻穗长。

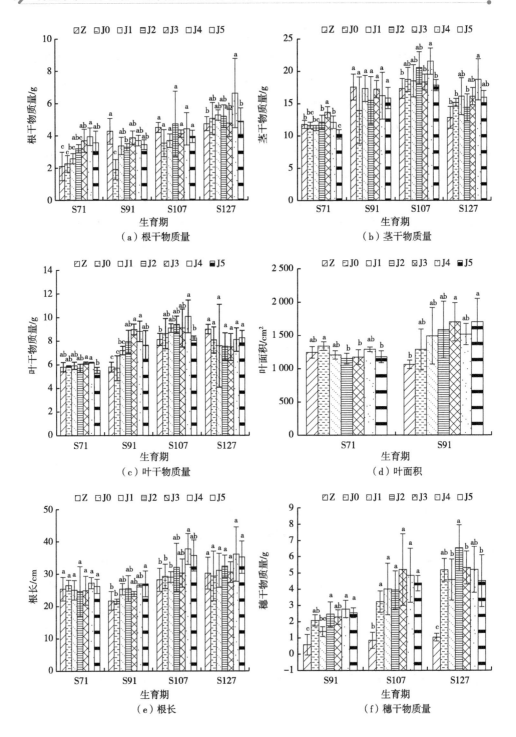

（a）根干物质量

（b）茎干物质量

（c）叶干物质量

（d）叶面积

（e）根长

（f）穗干物质量

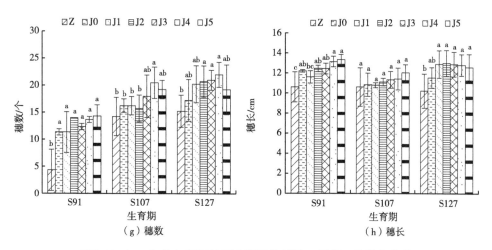

图3-5　2018年施加菌剂处理水稻干物质量、根长、穗数和穗长

3.5.2　2019年根、茎、叶、穗发育情况

　　S71时水稻根、茎、叶发育情况如表3-1所示。从表3-1可以看出，与Z处理相比，J5处理根干物质量降低了2.35%，其余处理均高于Z处理，差异均不显著，其中B3Y1、B2Y2处理增幅低于J0～J4处理。J0、J2、J5、B2Y2处理根长低于Z处理，其余处理高于Z处理，但差异不显著；与Z处理相比，J0、J1、J2、J3、J5、B3Y1、B2Y2处理茎干物质量分别增加了40.59%、21.27%、17.25%、8.73%、0.29%、1.86%、13.53%，其中J0处理与Z、J3、J4、J5、B3Y1处理差异显著；J0、J1、J2、J3、B2Y2处理叶干物质量分别增加了40.66%、25.05%、17.04%、4.93%、6.37%，J4、J5、B3Y1处理分别降低了2.87%、2.26%、9.24%，其中J0处理与Z、J4、J5、B3Y1处理差异显著；各处理地上部干物质量表现与茎相似；除J5处理外，其余处理根冠比均高于Z处理，但差异不显著；与Z处理相比，J0、J1、J2、B2Y2处理叶面积分别增加了33.11%、20.21%、10.97%、7.10%，J3、J4、J5、B3Y1处理则低于Z处理，差异不显著，J0处理显著高于J3、J4、J5、B3Y1处理。恢复清水灌溉，除J4、J5处理外，其余菌剂处理均促进了水稻干物质积累，但与不施加菌剂处理（J0）相比，施加菌剂一定程度上抑制了水稻干物质积累；再生水灌溉下，B3Y1处理增加了根、茎干物质量和根长，但降低了叶干物质量，而B2Y2处理则增加了根、茎、叶干物质量及根冠比、叶面积。

S91时水稻根、茎、叶发育情况如表3-2所示。从表3-2可以看出，与Z处理相比，J0～J4处理根干物质量分别增加了61.73%、68.31%、8.64%、6.17%、33.43%，而J5处理降低了3.70%，但处理间差异均不显著；与Z处理相比，J0～J4处理根长分别增加了44.56%、24.07%、9.61%、6.00%、36.14%，J0、J4处理与Z处理差异显著，J5处理降低了8.43%，差异不显著；与Z处理相比，J0～J5处理茎干物质量分别增加了47.70%、41.43%、1.35%、15.32%、34.29%、1.19%，J0处理显著高于Z、J2、J5处理。J2、J5处理叶干物质量低于Z处理，其余处理均高于Z处理，其中J0处理较Z处理显著增加了51.29%，且显著高于J2、J3处理；各处理地上部干物质量表现同茎干物质量。J0、J1、J2处理根冠比高于Z处理，J3、J4、J5处理低于Z处理，处理间差异均不显著。与Z处理相比，J0、J1、J3、J4、J5处理叶面积分别增加了84.25%、56.27%、31.57%、53.64%、7.08%，J2处理降低了1.45%，其中J0、J1、J4处理与Z、J2处理差异显著。恢复清水灌溉有利于增加根长、茎和叶干物质量以及叶面积，但施加菌剂则一定程度上抑制了水稻干物质积累，J2处理甚至低于Z处理。

表3-1　2019年施加菌剂后S71水稻根、茎、叶发育状况

处理	根干物质量/g	根长/cm	茎干物质量/g	叶干物质量/g	地上部干物质量/g	根冠比	叶面积/cm²
Z	2.13a	28.00a	10.20b	4.87b	15.07b	0.14a	1 030.71ab
J0	3.07a	26.33a	14.34a	6.85a	21.19a	0.15a	1 372.00a
J1	3.04a	33.00a	12.37ab	6.09ab	18.45ab	0.16a	1 239.04ab
J2	2.73a	26.83a	11.96ab	5.70ab	17.66ab	0.15a	1 143.83ab
J3	2.57a	31.33a	11.09b	5.11ab	16.20b	0.16a	912.21b
J4	2.79a	30.67a	9.97b	4.73b	14.70b	0.19a	944.29b
J5	2.08a	27.67a	10.23b	4.76b	14.99b	0.14a	913.18b
B3Y1	2.16a	29.67a	10.39b	4.42b	14.81b	0.15a	933.11b
B2Y2	2.51a	27.67a	11.58ab	5.18ab	16.76ab	0.15a	1 103.94ab

注：表中同列数据后不同字母表示处理间差异显著（$P<0.05$），下同。

表3-2 2019年施加菌剂后S91水稻根、茎、叶发育情况

处理	根干物质量/g	根长/cm	茎干物质量/g	叶干物质量/g	地上部干物质量/g	根冠比	叶面积/cm²
Z	2.43a	27.67c	12.6b	5.70b	18.30b	0.137a	737.01c
J0	3.93a	40.00a	18.61a	8.62a	27.23a	0.14a	1 357.96a
J1	4.09a	34.33abc	17.82ab	6.98ab	24.80ab	0.16a	1 151.73ab
J2	2.64a	30.33bc	12.77b	5.55b	18.33b	0.147a	726.35c
J3	2.58a	29.33bc	14.53ab	6.41b	20.94ab	0.123a	969.65bc
J4	3.24a	37.67ab	16.92ab	7.35ab	24.27ab	0.133a	1 132.33ab
J5	2.34a	25.33c	12.75b	5.69b	18.44b	0.127a	789.169c

　　S129时水稻根、茎、叶发育情况如表3-3所示。从表3-3可以看出，与Z处理相比，J0、J1、J2、J3、J4、J5、B2Y2处理根干物质量分别增加了104.37%、143.72%、233.33%、37.16%、65.03%、64.48%、53.55%，B3Y1处理降低了9.84%，其中J0、J1、J2与Z处理差异显著，B3Y1显著低于J2处理，B2Y2处理显著低于J1和J2处理。J0、J2、J4、J5、B3Y1处理根长小于Z处理，而J1、J3、B2Y2处理高于Z处理，但处理间差异均不显著，B2Y2处理根长较B3Y1处理显著增加了47.50%。J0、J1、J2、J3、J4、J5、B3Y3、B2Y2处理茎干物质量分别增加了117.30%、113.26%、43.83%、90.20%、69.78%、79.24%、9.92%、65.17%，除B3Y1外，其余处理与Z处理差异显著，J0、J1处理显著高于J2、J4处理，J2、J3分别高于B3Y1和B2Y2处理，但差异均不显著。J0、J1、J3、J4、J5、B2Y2处理叶干物质量较Z处理分别显著增加了64.67%、66.41%、31.66%、37.84%、33.98%、29.92%，J2处理增加了25.87%，但差异不显著；J2处理叶干物质量显著高于B3Y1处理，J3处理也高于B2Y2处理，但差异较小。与Z处理相比，J0、J1、J3、J4、J5处理穗干物质量分别增加了251.85%、311.11%、7.41%、61.11%、137.04%，其中J0、J1与Z处理差异显著；B3Y1处理穗干物质量较J2处理显著增加了172.22%，而B2Y2处理较J3处理降低了60.34%，但差异不显著。除B3Y1处理外，其余处理地上部干物质量均显著高于Z处理，J2处

理高于B3Y1处理、J3处理高于B2Y2处理，但差异不显著。除J3、B3Y1处理外，其余处理根冠比均高于Z处理，但处理间差异均不显著。综上可知，控制灌溉条件下，后期恢复清水灌溉有利于增加水稻干物质量，同时施加菌剂也有利于增加干物质量，J1处理增幅最大，且穗干物质量最大；后期仍采用再生水灌溉，施加菌剂B2Y2处理有利于根、茎、叶干物质量，但降低穗干物质量，施加菌剂B3Y1处理则降低了根、叶、穗干物质量，增加了茎干物质量。

表3-3　2019年施加菌剂后S129水稻根、茎、叶、穗发育情况

处理	根干物质量/g	根长/cm	茎干物质量/cm	叶干物质量/cm	穗干物质量/g	地上部干物质量/g	根冠比
Z	1.83de	34.88ab	8.67e	5.18cd	0.54cd	14.39e	0.13a
J0	3.74bc	33.25ab	18.84a	8.53a	1.90ab	29.27a	0.13a
J1	4.46b	40.88ab	18.49a	8.62a	2.22a	29.34a	0.15a
J2	6.10a	34.17ab	12.47cd	6.52bc	0.18d	19.17cd	0.32a
J3	2.51cde	35.25ab	16.49ab	6.82b	0.58cd	23.88b	0.11a
J4	3.02cd	34.50ab	14.72bc	7.14b	0.87cd	22.73bc	0.14a
J5	3.01cd	33.25ab	15.54abc	6.94b	1.28bc	23.76bc	0.13a
B3Y1	1.65e	30.00b	9.53de	4.94d	0.49cd	14.96de	0.11a
B2Y2	2.81de	44.25a	14.32bc	6.73b	0.23d	21.28bc	0.13a

3.5.3　施加菌剂对水稻地上部干物质积累的影响

利用水稻各生育期地上部干物质（Y）建立Logistic方程：$Y=A/(1+Be^{-kt})$，其中Y为地上部干物质积累量（$g \cdot 盆^{-1}$），A为干物质潜在最大值，B为与干物质有关的阻滞系数，k为干物质积累量的增长率，t为移栽后天数（d）。Logistic方程拟合结果如表3-4所示，其中方程决定系数R^2均大于0.94，表明地上部干物质积累动态符合"S"形曲线拟合，表中T_1、T_2分别为干物质快速积累起始时间和快速积累结束时间，ΔT为干物质快速积累持续时间（d），T_{max}为干物质最大积累速率出现时间（d），V_{max}为干物质最大积累速率（$g \cdot d^{-1}$）。

表3-4 水稻地上部干物质积累的Logistic模型参数估值

年份（年）	处理	R^2	$A/$（g·盆$^{-1}$）	B	k	$T_1/$d	$T_2/$d	$T_{max}/$d	$\Delta T/$d	$V_{max}/$（g·d^{-1}）
	Z	0.979	23.87	51.20	0.070	37.32	74.86	56.09	37.54	0.42
	J0	0.967	31.80	37.01	0.053	43.34	93.11	68.23	49.77	0.42
	J1	0.983	30.01	61.93	0.064	44.03	85.32	64.67	41.29	0.48
2018	J2	0.977	31.53	67.92	0.064	45.31	86.44	65.87	41.13	0.50
	J3	0.979	31.54	119.16	0.075	46.42	81.73	64.08	35.30	0.59
	J4	0.946	34.30	109.31	0.069	48.85	86.94	67.89	38.10	0.59
	J5	0.979	30.53	60.21	0.062	45.07	87.76	66.42	42.69	0.47
	Z	0.951	16.45	85.47	0.092	33.94	62.50	48.22	28.55	0.38
	J0	0.997	30.22	87.20	0.072	44.03	80.83	62.43	36.80	0.54
	J1	0.996	29.43	114.84	0.072	47.43	83.89	65.66	36.46	0.53
2019	J2	0.995	19.46	102.13	0.087	38.25	68.69	53.47	30.44	0.42
	J3	0.986	24.07	61.36	0.067	41.75	81.02	61.39	39.28	0.40
	J4	0.975	24.46	66.21	0.069	41.86	80.19	61.02	38.34	0.42
	J5	0.984	24.26	23.63	0.050	36.99	89.77	63.38	52.79	0.30

由表3-4可知，2018年，恢复清水灌溉后，J0~J5处理地上部干物质快速积累期的结束时间在移栽后81~94d，较Z处理延长了7~20d；除了J3处理干物质快速积累持续时间缩短了，其余处理均比Z处理延长，其中J0处理大约延长了12d；J0~J5处理干物质最大积累速率期较Z处理推迟了8~12d，J1~J5处理比J0处理提前了2~4d，说明施加菌剂加快了水稻干物质的积累，且干物质最大累积速率较Z和J0处理增加了11.90%~40.48%，其中J3、J4处理尤为明显；J0~J5处理干物质潜在最大值增加了25.72%~43.70%，其中J4处理潜力最大。2019年，J0~J5处理地上部干物质快速积累期的结束时间在移栽后68~90d，较Z处理延长了6~17d；J0~J5处理干物质快速积累持续时间均比Z处理延长，其中J5处理最长，超

过52d。J0～J5处理干物质最大积累速率期较Z处理推迟了5～17d，除J2处理外，其余处理干物质最大积累速率期均在恢复清水灌溉后，J1、J5处理晚于J0处理，J3、J4处理则早于J0处理；J0～J4处理干物质最大累积速率较Z处理增加了10.52%～42.11%，其中J0、J1处理增幅较大；J0～J5处理干物质潜在最大值增加了18.30%～83.71%，其中J0、J处理潜力较大。

3.6 施加菌剂对水稻收获期倒伏性状的影响

水稻抗倒伏能力一定程度上决定了收获产量的高低，尤其在机械化作业条件下。倒伏是限制水稻高产的重要因子之一，可导致10%～30%的减产甚至绝产，同时导致稻米品质下降，增加收割成本（Islam et al.，2007；Setter et al.，1997）。倒伏分为根倒伏和茎倒伏两种。根倒伏多数发生在旱稻和直播稻中，是由根系入土浅、固持能力差引起的；茎倒伏则多发生在移栽稻中，是由茎秆基部节间折断引起的。改善基部节间的形态和材料力学性状，可有效防止倒伏的发生（张秋英 等，2005；郑亭 等，2013）。水稻倒伏多发生在黄熟期，一场暴雨可能导致大面积倒伏。因此提高水稻抗倒伏能力是生产管理中的重要内容。李晓娟 等（2017）认为节间长度、茎壁厚度和节间充实度是影响茎秆抗倒伏性的关键因子。

采取合理的水分管理、施肥措施、耕作方式、种植方式等可以提高水稻抗倒伏能力。研究发现，节水型灌溉模式（CI和RC-RC）下水稻茎粗、茎壁厚、茎截面积、第一节间和第二节间充实度均显著增加，第一节间和第二节间长度显著减小，抗折力显著增加，水稻茎秆抗倒伏能力得到明显提升。节水型灌溉模式下水稻生育期大部分时间根层土壤含水率处于未饱和状态，从而可能形成干旱胁迫，干旱胁迫具有提高水稻抗倒伏能力的作用，利用其拮抗效应，能够补偿淹水胁迫导致的抗倒伏能力下降（郭相平 等，2017）。株高、节间长度、抗折力、单位长度干物质量是影响超级稻抗倒伏能力的主要因素。拔节初期水分胁迫通过抑制节间伸长，减小弯曲力矩，提高节间充实程度，增强超级稻抗倒伏能力，轻旱效果最佳（郝树荣 等，2018）。Ma et al.（2016）研究认为水稻高产适合的株高在90～100cm，在一定的范围内，生物量和株高呈线性正相关，但是株高过高容易造成倒伏，造成水稻减产。相比CK处理，滴灌旱直播处理显著提高了水稻茎部的抗折力、折断弯矩和弯曲应力，降低了弯曲力矩、断面模数和倒伏指数，滴灌旱直播种植模式显著提高了水稻的抗倒伏能力（魏永霞 等，2019）。不同机械化种植方式也能改善水稻株型，优化水稻群体结构，提升水稻抗倒性能（邢志鹏 等，2017）。硅肥和钾肥可以促进植株细胞壁木质化和硅质化以及纤维素含量增加等，促进水稻茎秆粗壮，机械性能改善，抗倒伏能力增强（Hossain et al.，1998）。另外，外径长轴长、纤维素和氮含量等指标在直播杂交水稻抗倒伏能力中起着重要作用（蒋明金 等，2020）。

综上可知，在生产中，采用合理的水肥和农艺管理措施是减少水稻倒伏的关键。

3.6.1 施加菌剂对收获期水稻植株生长发育的影响

2018年施加菌剂后水稻收获期植株茎秆生长发育情况如表3-5所示。从表3-5可以看出，与Z处理相比，J0~J5处理株高分别显著增加了13.05%、14.396%、15.43%、14.18%、15.37%、9.64%，J0~J5处理间差异不显著；J0~J5处理茎粗分别增加了3.52%、1.05%、2.70%、14.11%、17.36%、25.70%，其中J3处理与Z处理差异显著，J4、J5处理与Z、J0~J2处理差异显著；J0~J5处理重心高度分别增加了19.99%、26.09%、25.34%、20.29%、19.94%、10.84%，其中J0~J4与Z处理差异显著；J0、J5处理10cm茎鲜质量分别增加了3.40%、11.91%，但差异不显著；除J2处理外，其余处理茎鲜质量均高于Z处理，但差异均不显著；J0~J5处理穗鲜质量分别增加了118.43%、349.22%、174.51%、138.43%、163.14%、62.59%，其中J1处理显著高于Z处理和J5处理；除J1处理外，其余处理10cm茎干物质量均高于Z处理，其中J5处理与Z处理、J0~J2处理差异显著；J0~J5处理茎干物质量均高于Z处理，J4、J5处理分别增加了12.45%、10.71%，但差异不显著。综上可知，控制灌溉条件下，前期采用再生水，后期恢复清水和施加菌剂均可以促进水稻茎秆生长发育，但提高了重心高度。

表3-5　2018年施加菌剂后水稻收获期茎秆生长发育情况

处理	株高/cm	茎粗/mm	重心高度/cm	10cm茎鲜质量/g	茎鲜质量/g	穗鲜质量/g	10cm茎干物质量/g	茎干物质量/g
Z	64.09b	3.91c	25.01c	0.88ab	3.46a	0.32b	0.37bc	2.58a
J0	72.45a	4.05bc	30.01ab	0.91ab	3.95a	0.70ab	0.41b	2.73a
J1	73.31a	3.95bc	31.54a	0.77bc	3.74a	1.43a	0.34c	2.67a
J2	73.98a	4.02bc	31.35a	0.71c	3.35a	0.88ab	0.38bc	2.66a
J3	73.18a	4.46ab	30.09ab	0.83bc	3.57a	0.76ab	0.43ab	2.71a
J4	73.94a	4.59a	30.00ab	0.82bc	4.07a	0.84ab	0.43ab	2.90a
J5	70.26a	4.92a	27.73bc	0.99a	3.93a	0.52b	0.48a	2.86a

　　2019年施加菌剂后水稻收获期植株茎秆生长发育情况如表3-6所示。从表3-6可以看出，与Z处理相比，J2处理株高降低了1.57%，其余处理均高于Z处理，其中J0、B3Y1、B2Y2处理分别增加了12.10%、13.34%、12.54%，但与Z处理差异均不显著，三者显著高于J2处理；J0、J1、J4处理重心高度分别增加了15.19%、9.49%、1.79%，J2、J3、J5、B3Y1、B2Y2处理则分别降低了18.14%、2.53%、7.74%、0.28%、11.08%，各处理与Z处理差异均不显著，J0处理显著高于J2、J5、B2Y2处理，J1处理显著高于J2、B2Y2处理，J4处理显著高于J2处理；各处理茎粗均高于Z处理，其中J3、J5、B2Y2处理分别增加了22.71%、24.07%、30.95%，J4处理增幅最小，B2Y2处理与Z、J4处理差异显著；各处理截面积表现与茎粗相似，其中B2Y2处理与Z、J0、J4处理差异显著；J2、J4处理茎鲜质量分别降低了23.32%、3.49%，其余处理均高于Z处理，但差异不显著，J0、J1、B3Y3、B2Y2处理显著高于J2处理；各处理10cm茎鲜质量表现与茎鲜质量相似，B3Y1、B2Y2处理显著高于J2处理。

表3-6　2019年施加菌剂后水稻收获期植株茎秆生长发育情况

处理	株高/cm	茎粗/mm	重心高度/cm	茎截面积/cm²	10cm茎鲜质量/g	茎鲜质量/cm
Z	62.73 ± 5.28ab	4.10 ± 0.86b	23.70 ± 5.13abcd	13.46 ± 5.92b	1.13 ± 0.26ab	4.44 ± 1.00ab
J0	70.33 ± 3.89a	4.31 ± 0.70ab	27.30 ± 2.14a	14.75 ± 4.45b	1.15 ± 0.16ab	5.04 ± 1.05a

（续表）

处理	株高/cm	茎粗/mm	重心高度/cm	茎截面积/cm²	10cm茎鲜质量/g	茎鲜质量/cm
J1	69.88 ± 3.18ab	4.42 ± 0.60ab	25.95 ± 1.59ab	15.44 ± 4.00ab	1.14 ± 0.17ab	4.83 ± 0.68a
J2	61.75 ± 5.74b	4.47 ± 0.68ab	19.40 ± 1.37d	15.57 ± 4.40ab	1.04 ± 0.21b	3.40 ± 0.55b
J3	67.23 ± 5.13ab	5.03 ± 0.69ab	23.10 ± 2.16abcd	19.84 ± 5.18ab	1.26 ± 0.26ab	4.66 ± 0.71ab
J4	64.33 ± 7.25ab	4.23 ± 0.44b	24.13 ± 3.60abc	13.85 ± 3.08b	0.97 ± 0.14b	4.28 ± 1.00ab
J5	64.53 ± 3.60ab	5.09 ± 0.62ab	21.87 ± 0.96bcd	19.68 ± 4.24ab	1.34 ± 0.15ab	4.66 ± 0.53ab
B3Y1	71.10 ± 5.45a	4.88 ± 0.63ab	23.63 ± 1.4abcd	17.89 ± 3.95ab	1.45 ± 0.34a	5.14 ± 0.80a
B2Y2	70.60 ± 2.33a	5.37 ± 0.35a	21.08 ± 3.49cd	22.19 ± 2.72a	1.44 ± 0.31a	5.23 ± 0.44a

3.6.2 施加菌剂对收获期水稻抗倒伏能力的影响

2018年施加菌剂后水稻收获期植株抗倒伏指标见表3-7。由表3-7可知，J1～J5处理基部茎节抗折力分别较Z处理降低了14.51%、11.58%、14.71%、28.36%、17.40%，J0有所增加，但差异均不显著；J0～J5处理弯曲力矩均高于Z处理，其中J4处理显著增加了36.39%；J0～J5处理倒伏指数增加了39.66%、45.13%、30.61%、68.42%、119.73%、52.95%，其中J4处理与Z、J2处理差异显著；J0～J5处理抗倒指数分别降低了16.18%、31.28%、27.56%、29.16%、39.69%、25.75%，其中J1、J3、J4处理与Z处理差异显著。说明控制灌溉条件下，前期采用再生水，后期恢复清水和施加菌剂增加了倒伏指数，降低了抗倒指数，不利于水稻抗倒伏，J4处理最为明显。

表3-7 2018年施加菌剂后水稻收获期植株抗倒伏指标

处理	基部茎节抗折力/N	弯曲力矩/（N·cm）	倒伏指数	抗倒指数
Z	3.20 ± 0.75a	2.18 ± 0.38b	69.69 ± 12.32b	12.81 ± 2.74a
J0	3.21 ± 1.29a	2.84 ± 0.43ab	97.34 ± 34.27ab	10.74 ± 4.01ab
J1	2.73 ± 1.12a	2.59 ± 0.88ab	101.15 ± 28.47ab	8.80 ± 3.54b
J2	2.83 ± 0.61a	2.44 ± 0.67ab	91.03 ± 33.05b	9.28 ± 3.14ab

（续表）

处理	基部茎节抗折力/N	弯曲力矩/（N·cm）	倒伏指数	抗倒指数
J3	2.73 ± 1.24a	2.57 ± 0.53ab	117.38 ± 76.91ab	9.07 ± 3.77b
J4	2.29 ± 0.87a	2.97 ± 0.69a	153.14 ± 93.82a	7.72 ± 2.90b
J5	2.64 ± 0.75a	2.72 ± 0.58ab	106.60 ± 22.74ab	9.51 ± 2.49ab

2019年施加菌剂后水稻收获期植株抗倒伏指标见表3-8。由表3-8可知，与Z处理相比，J0、J1、J2、J3、J5、B3Y1、B2Y2处理基部茎节抗折力分别增加了24.10%、33.32%、6.08%、9.98%、29.51%、6.96%、48.25%，J4处理降低了8.18%，各处理与Z处理差异均不显著，B2Y2处理显著高于Z处理；与Z处理相比，J2、J4处理弯曲力矩分别降低了25.02%、0.85%，J0、J1、J3、J5、B3Y1、B2Y2处理分别增加了26.71%、20.21%、11.37%、7.03%、29.19%、27.52%，各处理与Z处理差异不显著，但J0、J1、B3Y3、B2Y2处理显著高于J2处理；与Z处理相比，J0、J1、J2、J3、J4、J5、B2Y2处理倒伏指数分别降低了7.81%、19.19%、37.25%、10.39%、6.94%、28.45%、21.08%，B3Y1处理增加了2.01%，其中J2处理显著低于Z、J0处理；与Z处理相比，J0、J4处理抗倒指数分别降低了1.64%、18.35%，J1、J2、J3、J5、B3Y1、B2Y2处理分别增加了11.80%、19.79%、3.83%、28.23%、0.54%、58.16%，其中B2Y2处理与J4处理差异显著。恢复清水后，除J4处理外，其余处理均增加了基部茎节抗折力、弯曲力矩，降低了倒伏指数，J2处理倒伏指数最低；J1、J2、J3、J5增加了抗倒指数。再生水灌溉下施加菌剂也增加了基部茎节抗折力和弯曲力矩。

表3-8 2019年施加菌剂后水稻收获期植株抗倒伏指标

处理	基部茎节抗折力/N	弯曲力矩/（N·cm）	倒伏指数	抗倒指数
Z	3.72 ± 1.72ab	2.76 ± 0.87ab	85.55 ± 41.30a	17.19 ± 11.83ab
J0	4.61 ± 1.44ab	3.50 ± 0.92a	78.87 ± 16.67ab	16.91 ± 5.33ab
J1	4.96 ± 1.42ab	3.32 ± 0.59ab	69.13 ± 14.78ab	19.22 ± 5.91ab
J2	3.94 ± 1.14ab	2.07 ± 0.44b	53.68 ± 5.35b	20.59 ± 6.54ab
J3	4.09 ± 1.04ab	3.08 ± 0.56ab	76.66 ± 10.43ab	17.85 ± 5.35ab

（续表）

处理	基部茎节抗折力/N	弯曲力矩/（N·cm）	倒伏指数	抗倒指数
J4	3.41 ± 0.95b	2.74 ± 0.89ab	79.61 ± 6.39ab	14.04 ± 2.41b
J5	4.81 ± 0.23ab	2.96 ± 0.50ab	61.21 ± 7.83ab	22.04 ± 1.50ab
B3Y1	4.08 ± 0.26ab	3.57 ± 0.50a	87.26 ± 6.72a	17.28 ± 1.37ab
B2Y2	5.51 ± 0.82a	3.63 ± 0.41a	67.52 ± 15.9ab	27.19 ± 8.48a

3.7 施加菌剂对水稻产量构成的影响

2018年施加菌剂后水稻产量构成如表3-9所示。由表3-9可知，与Z处理相比，J0～J5处理单穗干物质量分别增加了1.63倍、2.30倍、2.48倍、1.93倍、2.19倍、0.86倍，除J5处理外，其余处理与Z处理差异显著。J0～J5处理穗长分别显著增加了12.84%、26.04%、27.02%、25.92%、25.31%、23.11%；J0～J5处理实粒数分别增加了4.71倍、5.61倍、5.94倍、4.61倍、5.82倍、1.64倍，除J5处理外，其余处理与Z处理差异显著；J0、J1处理瘪粒数分别降低了13.69%、2.23%，J2～J5瘪粒数高于Z处理，但差异不显著；J0～J5处理实粒质量分别增加了6.22倍、7.61倍、8.33倍、6.69倍、8.03倍、2.44倍，除J5处理外，其余处理与Z处理差异显著；J0～J5处理瘪粒质量均高于Z处理，但差异不显著；J0～J5处理千粒质量分别显著增加了45.66%、59.75%、61.34%、45.45%、54.44%、45.25%。与Z处理相比，J0～J5处理根冠比均降低，但处理间差异较小。控制灌溉下，前期采用再生水灌溉，后期恢复清水灌溉并施加菌剂可以显著增加单穗干物质量、实粒数、实粒质量以及千粒质量，以J1、J2、J4处理最为明显，而J5处理效果较差。

表3-9 2018年施加菌剂后水稻产量构成

处理	单穗干物质量/ g	穗长/ cm	实粒数/ 个	瘪粒数/ 个	实粒质量/ g	瘪粒质量/ g	千粒质量/ g	根冠比
Z	0.18b	10.23b	3.50b	44.75a	0.05c	0.10a	10.91b	0.21a
J0	0.48a	11.54a	20.00a	38.63a	0.33ab	0.12a	15.89a	0.18a

（续表）

处理	单穗干物质量/g	穗长/cm	实粒数/个	瘪粒数/个	实粒质量/g	瘪粒质量/g	千粒质量/g	根冠比
J1	0.60a	12.89a	23.13a	43.75a	0.39ab	0.12a	17.43a	0.19a
J2	0.64a	12.99a	24.38a	50.38a	0.44a	0.14a	17.60a	0.18a
J3	0.54a	12.88a	19.63a	50.38a	0.35ab	0.13a	15.87a	0.17a
J4	0.58a	12.81a	23.88a	46.00a	0.41ab	0.13a	16.80a	0.20a
J5	0.34ab	12.59a	9.25ab	49.88a	0.16bc	0.14a	15.85a	0.18a

2019年施加菌剂后水稻产量构成如表3-10所示。由表3-10可知，与Z处理相比，J0、J1、J2、J3、J4、J5、B3Y1、B2Y2处理单穗质量分别显著降低了63.32%、58.31%、87.15%、81.19%、66.46%、65.52%、70.53%、87.46%，菌剂处理间差异不显著。B3Y1处理穗长高于Z处理，其余处理低于Z处理，差异均不显著；J0、J1、J3、J5处理穗数分别显著增加了4.08倍、4.08倍、2.00倍、2.54倍，J2、J4、B3Y1、B2Y2处理分别增加了23.08%、130.77%、64.00%、53.85%，但差异不显著；B3Y1处理穗数高于J2处理，但B2Y2处理低于J3处理，差异均不显著。与Z处理相比，J0、J2、J3、J4、B3Y1、B2Y2处理实粒数分别降低了23.12%、90.24%、76.78%、30.44%、64.88%、95.80%，其中J2、B2Y2处理与Z处理差异显著，J1、J5处理实粒数分别增加了24.39%、29.27%，J1、J5处理显著高于J2、J3处理；B3Y1处理实粒数低于J2处理，B2Y2处理低于J3处理，但差异不显著。各处理实粒质量表现与实粒数相似。J2、J3、B3Y1处理瘪粒数高于Z处理，其余处理低于Z处理。J2、J3、B2Y2处理千粒质量分别降低了16.22%、17.27%、43.23%，其中B2Y2与Z处理差异显著，其余处理均高于Z处理，但差异不显著，B3Y1处理千粒质量高于J2处理，但B2Y2处理低于J3处理，差异均不显著。恢复清水灌溉，降低了实粒数、实粒质量、瘪粒数、瘪粒质量、穗长，显著增加了穗数和千粒质量；同时施加菌剂增加了穗数，J1、J2、J5处理增加了实粒数，且穗数大幅增加，而J3、J4处理则降低了实粒数；后期再生水控制灌溉施加菌剂降低了实粒数、实粒质量、瘪粒质量，增加了穗数，相比清水施加菌剂，B3Y1处理有明显的提升效果，B2Y2处理则起抑制作用。

表3-10 2019年施加菌剂后水稻产量构成

处理	单穗干物质量/g	穗长/cm	穗数/个	实粒数/个	瘪粒数/个	实粒质量/g	瘪粒质量/g	千粒质量/g
Z	0.319a	11.00a	3.25d	10.25ab	24.75a	0.176abc	0.058a	12.33ab
J0	0.117b	10.75a	16.50a	7.88abc	22.50a	0.129abcd	0.053a	16.28a
J1	0.133b	10.90a	16.50a	12.75a	23.38a	0.211a	0.051a	16.37a
J2	0.041b	9.48a	4.00d	11.00c	25.00a	0.010d	0.060a	10.33bc
J3	0.060b	10.69a	9.75bc	2.38bc	25.50a	0.026cd	0.054a	10.20bc
J4	0.107b	9.38a	7.50bcd	7.13abc	22.88a	0.111abcd	0.055a	13.47ab
J5	0.110b	10.83a	11.00b	13.25a	18.50a	0.205ab	0.049a	15.20a
B3Y1	0.094b	11.20a	5.33cd	3.63bc	25.40a	0.046bcd	0.050a	12.90ab
B2Y2	0.040b	9.81a	5.00cd	0.43c	24.71a	0.003d	0.046a	7.00c

3.8 本章小结

（1）控制灌溉条件下，与清水灌溉相比，再生水灌溉水稻株高前期无明显差距，中后期出现一定差距（降低了5~13cm），这不同于再生水灌溉增加小麦（马福生 等，2008）、玉米（郭利君，2017）、云杉（孙红星 等，2018）株高的研究结果，这是因为本试验所有肥料均基施，前期土壤中的养分足够满足水稻生长，而后期因为再生水灌溉增加了土壤中的盐分，产生盐胁迫，不利于水稻生长。前期采用再生水灌溉，后期采用清水灌溉，可大幅增加株高，添加适当的菌剂时增幅更大，2018年增幅比2019年明显，说明再生水灌溉下施加菌剂可以提高水稻中后期株高。这是因为恢复清水灌溉，盐胁迫程度未继续增加，水稻生长得到恢复，施加菌剂增加了土壤速效养分的供应（段雪娇，2015；Prasanna et al.，2012），加速了水稻生长发育。两年间水稻分蘖数表现不尽相同，2018年再生水控制灌溉下水稻分蘖数呈不断增加趋势，生育末期增幅较大，2019年则呈先增加后降低趋势；2018年和2019年清水控制灌溉下水稻分蘖数均呈逐渐增加趋势，

2019年生育末期分蘖数超过CK。2018年恢复清水灌溉并施加菌剂在20d内可以增加水稻分蘖数，相比全生育期再生水灌溉，抑制了后期无效分蘖的产生；2019年恢复清水灌溉后水稻分蘖数不断增加，施加菌剂也可以增加水稻分蘖数，但后期分蘖数低于未施加菌剂处理，一定程度上抑制了无效分蘖的产生。

（2）施加菌剂可以促进水稻干物质积累、增强抗倒伏能力，但不同年份间存在细微差别。2018年，恢复清水并施加菌剂有利于增加生育末期水稻根、茎干物质量及根长，以J4处理增幅最大；施加菌剂40d内增加了叶干物质量，但最终叶干物质量低于Z处理；施加菌剂30d后水稻叶面积大幅增加，J3处理增幅最大；恢复清水灌溉并施加菌剂后水稻穗质量不断增加，其中J2处理穗质量最大，J4处理穗数最多，且显著增加了穗长，以J2处理最大。2019年，恢复清水灌溉并施加菌剂水稻根、茎、叶干物质均得到增长，但30d内增幅低于不施加菌剂处理，生育末期J1处理干物质量均较高，且穗干物质量最高。后期仍采用再生水灌溉时，施加不同菌剂对水稻根、茎、叶穗发育影响不同。B3Y1处理可以增加茎干物质量，B2Y2处理则可以提高根、茎、叶干物质量，但二者均降低了穗干物质量。采用Logistic方程可以拟合水稻地上部干物质积累量，恢复清水灌溉可以延长干物质快速积累期，推迟最大干物质积累期（2018年推迟了8~12d，2019推迟了5~17d），增加干物质最大潜力值，施加菌剂（2018年的J1~J5处理，2019年的J3、J4处理）提前了最大干物质积累期。2018年，施加菌剂均可以促进水稻茎秆生长发育，但提高了重心高度，J5处理茎粗最大，J2处理株高最大，J1处理重心高度最大；2019年菌剂处理的表现存在较大差别，J1处理增加了株高，J2处理降低了株高和重心高度，J3~J5处理均增加了株高和茎粗；再生水灌溉时施加菌剂也增加了株高和茎粗，但降低了重心高度。2018年，后期恢复清水和施加菌剂增加了弯曲力矩、倒伏指数、降低了抗倒指数，不利于水稻抗倒伏，J4处理最为明显。2019年除J4处理外，其余处理均增加了基部茎节抗折力、弯曲力矩，降低了倒伏指数，有利于水稻抗倒伏。

（3）施加菌剂有利于优化产量性状。2018年，施加菌剂可以显著增加单穗干物质量、实粒数、实粒质量以及千粒质量，以J1、J2、J4处理最为明显；2019年，施加菌剂增加了穗数，降低了单穗干物质量，J1、J5处理增加了实粒数，且穗数大幅增加，但J2、J3、J4处理降低了实粒数；后期再生水控制灌溉施加菌剂降低了实粒数、实粒质量、瘪粒质量，增加了穗数，相比清水施加菌剂，B3Y1有明显的提升效果，B2Y2则起抑制作用。不同年份间不同菌剂处理对水稻产量及其构成的影响存在一些差异。首先，本试验中，2019年水稻移栽时间比2018年早了12d，可能是造成水稻两年生长发育存在较大差异的原因之一。赵黎明 等（2019）研究发现播期过早或过晚均会导致水稻干物质积累、成穗率、结实率以及产量的显著或极显著降低，且不利于碾磨品质的提高，其中晚播能够显著或极显著降低垩白粒率和垩白度。陈龙 等（2019）也认为播期提前引起水稻全生育期延长，播期推迟引起水稻全生育期缩短；播期提前和推迟均导致盐丰47株高在营养生长期（三叶期至拔节期）高于CK，生殖生长期（乳熟期）低于CK。其次，两年间再生水EC值存在差别，导致进入土壤中的盐分有较大差别，也可能导致水稻生长发育出现偏差。最后，水稻生殖生长期受到盐碱胁迫危害大于营养生长期（Rao et al.，2008），如在生殖生长期受到盐碱胁迫，将明显影响幼穗分化进程，减少颖花形成的数量，增加颖花退化的数量，严重影响产量（Cui et al.，1995）；2018年再生水灌溉下前期水稻株高出现比较明显的增长，而2019年并未出现，可能是因为前期土壤中的盐分已经对水稻的生长产生了严重的抑制作用。

4 施加微生物菌剂对水稻生理生化性状的影响

叶绿素是植物生长的重要功能单元。Wang et al.（2014）研究表明叶绿素a和b量随着生育阶段的不同而有所变化，作物一般会维持较高的叶绿素a/叶绿素b，一方面保证将捕获的光能转化为化学能，为碳同化提供大量的能源，另一方面减少过多的光能捕获防止光抑制的发生。在一定范围内增加水稻叶绿素量，有利于提高光合速率、增加光合产物和水稻高产（Peng et al.，2008；Gholizadeh et al.，2017）。叶绿素相对含量（SPAD）与叶绿素量呈现极显著相关关系（Uddling et al.，2007；Mielke et al.，2010），可用于叶绿素长期快速监测，以便掌握水稻长势。

在植物体有清除活性氧（ROS）的酶促系统，如超氧化物歧化酶（SOD）、过氧化物酶（POD）、过氧化氢酶（CAT），SOD可以清除植物体内的超氧阴离子，形成H_2O_2，再由POD和CAT消除（Miller et al.，2010；Xiong et al.，2018）。谷氨酰胺合成酶（GS）是氮代谢中心的多功能酶，谷氨酸合成酶（GOGAT）在氮代谢中起重要作用（Liang et al.，2011），在ATP供能的条件下和GS催化下NH_4^+与谷氨酸合成谷氨酰胺，然后谷氨酰胺在谷氨酸合成酶的作用下与两分子的α-酮戊二酸合成两分子谷氨酸（Wang et al.，2014）。有研究表明，GS活性与蛋白质含量呈显著正相关，GS活性的增加能促进氮代谢，促进氨基酸合成（Miflin，2002）。

根系活力与植物地上部的生长关系密切，增加根系活力有利于植物应对逆境。可溶性糖为植物生长发育提供能量和代谢中间产物，对于调节植物生长和发育起到重要作用（Shi et al.，2016），降低糖含量会导致植物衰老（Quirino，2000），在胁迫条件下糖可以促进水稻幼苗的生长（Kavi et al.，2015）。植物体内的可溶性蛋白质大多数是参与各种代谢的酶类，与植物体内的酶有着密切的关系。叶片光合作用是作物重要的生理活动（Peeva et al.，2009；Zang et al.，2014），光合产物对植物的生长发育、产量形成等具有重要的作用，喷施菌肥可以显著提高水稻叶片光合参数（刘一江 等，2019）。植物生理生化特性是判断植物受逆境迫害程度的重要指标。

遭受盐分、干旱等逆境胁迫时，植物细胞内自由基积累过多，SOD、POD、CAT等酶活性易出现紊乱，产生更多的丙二醛（MDA），引起植物生长发育受损。干旱胁迫增加了光补偿点和暗呼吸的速率，降低了光饱和点和最大光合速率，显著抑制了植物的生长发育进程（Zhang et al.，2011）。张国萍 等（2002）在盆栽试验中发现干旱胁迫严重阻碍了水稻品种的发芽率、幼苗生长和淀粉代谢；但与正常条件相比，干旱提高了水稻的抗氧化酶活性和膜脂过氧化水平。淹灌处理下的水稻叶温比湿润灌溉低0.4~0.7℃，增加了平均气孔导度、叶片水分利用率，增产5.89%~13.97%（Li et al.，2017a）。甄博 等（2017）研究表明旱涝交替胁迫处理显著降低了水稻叶片中MDA的质量摩尔浓度和GS活性，显著增加了水稻叶片中叶绿素总量；复水后（黄熟期）GS活性均明显提高并高于CK。说明分蘖期旱涝交替胁迫可以增强水稻叶片的生理活性，延缓叶片衰老，不会降低水稻后期的耐淹能力。

与不施氮肥或不施钾肥处理相比，氮、钾肥配合施用后叶片及根系谷氨酰胺合成酶、谷氨酸合成酶、谷氨酸脱氢酶和硝酸还原酶活性均得到了显著提高，促进了氨基酸的合成。施用氮肥同时提高了叶片中总游离氨基酸的含量，而施用钾肥则促进了氨基酸的代谢，显著降低了叶片中总游离氨基酸量（侯文峰，2019）。除施肥、水分管理措施外，土壤翻耕、旋耕结合秸秆还田处理也有利于提高双季水稻叶片保护性酶活性、光合特性（唐海明，2019）。

在苏打盐碱土上，水稻分蘖前期降低土壤水势，增加了游离脯氨酸量，适当干旱增加叶绿素含量，干旱加剧则导致叶绿素量降低（耿艳秋 等，2018）；盐胁迫抑制了海水稻叶绿素的合成与积累，随盐胁迫加剧海水稻和盐敏感水稻叶片的丙二醛积累，水稻叶片的脯氨酸量和SOD活性随盐胁迫浓度增加均表现出先升高后降的趋势（王旭明 等，2019a），Ghoulam et al.（2002）、Li et al.（2017b）均证实盐胁迫下水稻体内积累大量的游离脯氨酸和可溶性糖。NaCl浓度增加显著降低了水稻光合速率和叶片蒸腾速率，迫使水稻叶片丙二醛不断积累，同时叶片中可溶性总糖大量积累，抑制水稻叶片叶绿素的合成与积累，随盐胁迫程度加剧，盐敏感品种叶片叶绿素量显著降低（王旭明 等，2019b）。盐胁迫会导致水稻膨压丧失、代谢改变和质外体酸化失效（Kumar et al.，2016）。

　　氮参与植物体内蛋白质、核酸、磷脂、叶绿素、酶、维生素、生物碱和某些生长激素等重要组分的合成（陆景陵，2003），在一定范围内增加氮肥可以提高根系活力、SOD活性等。同时磷参与作物生理的全过程，维持一定的磷水平对植物提高抗氧化能力有重要的作用。

　　目前针对微生物菌剂对作物生理生化效应方面的研究取得重大进展。枯草芽孢杆菌诱导的寄主酶包括过氧化物酶（POD）、多酚氧化酶（PPO）和超氧化物歧化酶（SOD）以及各种激素，其合成增加导致番茄幼苗早疫病和晚疫病的系统抗性诱导（ISR）（Chowdappa et al.，2013）。酵母菌可以促进豆科植物叶绿素的形成，延缓叶绿素的降解和衰老（Wanas，2002）。在叶面喷施菌剂可以提高叶绿素含量，增加可溶性蛋白量（马佳颖 等，2019）。铜绿假单胞菌及其菌剂通过提高苗期水稻根系活力、光合作用促进了苗期水稻的生长，增强水稻抗氧化酶活性，提高类黄酮和总酚等抗氧化物质量，MDA、O_2^-量显著降低（汪敦飞 等，2019）。根际促生菌（PGPR）通过产生1-氨基环丙烷-1-羧酸脱氨酶、嗜铁素、植物激素或固氮解磷解钾作用，使水稻在形态或生理等方面发生改变，从而提高对干旱、高盐等非生物胁迫的耐性，促进其生长（韩笑 等，2019）。陈苏 等（2018）研究发现干旱生境下接种F06（蜡状芽孢杆菌F06菌株），可调节植物体内的激素量，减少干旱胁迫下光合色素的分解或流失，提高光合速率，增强水稻在干旱环境中的适应能力。另外有研究发现海藻精与微生物菌剂有利于提高水稻叶片叶绿素量（陈保宇，2017），而添加2g内生菌根菌剂显著提高了植物体内脯氨酸和可溶性蛋白含量以及SOD和CAT活性（吴秀红 等，2018）。根、叶片生理生化指标的变化可以指示水稻对外界环境的响应，有助于剖析施加菌剂对土壤环境的调控作用。

4.1　施加菌剂对水稻叶片叶绿素相对含量（SPAD）的影响

　　施加菌剂后各处理水稻叶片SPAD随时间的变化如图4-1所示。由图4-1（a）可知，2018年，S68时，J0～J5处理SPAD分别较Z处理增加了8.09%、2.33%、17.99%、22.91%、15.61%、26.34%，其中J5处理与Z处理差异显著，且J2～J5处理均高于J0处理。S76时J1～J5处理SPAD仍高于Z处理，但差异不显著，J0处理SPAD低于Z处理但差异不显著，并且J2、J3、J4处理显著高于J0处理。S86时，J0、J1、J2、J3、J5处理SPAD高于Z处理，J2、J3、J5处理SPAD高于J0处理，但差异不显著。S98时，J0、J2、J3、J4、J5处理SPAD分别较Z处理增加了7.25%、4.12%、16.73%、21.56%、11.04%，但差异不显著，J4处理显著高于J1处理。S117时，J3、J4处理SPAD仍高于Z处理，但J0、J1、J2、J5处理低于Z处理，但差异不显著。S68～S117，各处理SPAD，先变化平稳，在S98时达到最高值，随后降低。说明恢复清水灌溉并施加菌剂可以促进叶片SPAD的增加，且以J3、J4处理效果最为明显。

由图4-1（b）可知，2019年，S71时，与Z处理相比，J0～J5处理SPAD分别增加了0.20%、0.84%、5.21%、5.8%、11.36%、2.47%，B3Y1、B2Y2处

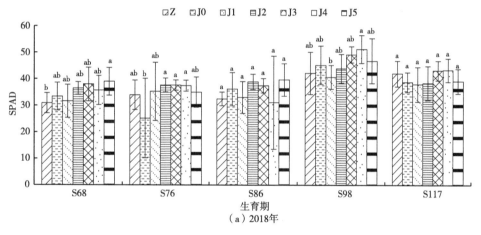

（a）2018年

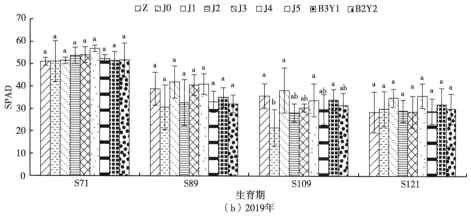

（b）2019年

图4-1　施加菌剂后水稻叶片SPAD的变化

理分别增加了0.90%、1.43%，但处理间差异均不显著。S89时，J1、J3、J4处理SPAD仍高于Z处理，其余处理较Z处理降低了9.68%~21.10%，但处理间差异均不显著。S109时，除J1处理外，其余处理SPAD均低于Z处理，J0处理较Z处理显著降低了39.85%，且显著低于J1、J4、B3Y1处理。S121时，与Z处理相比，其余处理SPAD均有所增加，J1、J4处理SPAD增幅均超过22%，但无显著差异。整体来看，所有处理SPAD在生育后期大致呈降低趋势，而J0处理后期有所增加。相同施量菌剂时，B3Y1、B2Y2处理SPAD在S71时均低于对应的J2、J3处理，S89时B3Y1处理高于J2处理，B2Y2处理低于J3处理，但S109和S121时均高于对应的J2、J3处理，说明清水灌溉施加菌剂处理SPAD提升作用早于再生水灌溉施加菌剂处理。

4.2　施加菌剂对水稻叶片叶绿素的影响

4.2.1　2018年水稻叶绿素的变化

施加菌剂后水稻叶片叶绿素a（Chla）、叶绿素b（Chlb）、类胡萝卜素、叶绿素总量（Chla+b）以及叶绿素a与叶绿素b的比值（下文简写为Chla/b）随时间的变化见图4-2。由图4-2（a）可知，S71时，J0、J1处理叶绿素a质量分数低于Z处理，而J2~J5处理Chla质量分数较Z处理分别增加了36.77%、6.27%、22.89%、39.29%，差异不显著，但J2、J5显著高于J0和J1处理；S90时，J0、J2、J4、J5处理Chla质量分数较Z处理分别显著增加了16.66%、49.81%、65.70%、81.86%，J1、J3处理低于Z处理，但差异不显著；S107时，J0、J2、J4、J5处理Chla质量分数较Z处理分别增加了20.10%、1.27%、42.03%、63.24%，其中J5处理与Z处理差异显著，而J1、J3处理低于Z处理，但差异不显著。说明控制灌溉下，前中期再生水灌溉后，恢复清水灌溉有利于提高Chla质量分数，而且施加一定量的菌剂可以起到增强作用，尤以J2、J4、J5处理最为明显，J2处理提升幅度逐渐降低，J4、J5处理比较稳定。

由图4-2（b）可知，各处理Chlb与Chla的表现基本相似。S71时，J2~J5处理Chlb质量分数较Z处理分别增加了48.43%、12.92%、33.49%、

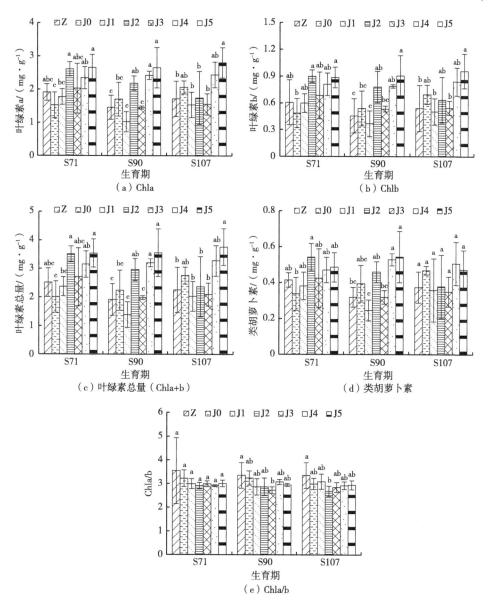

图4-2 2018年施加菌剂后水稻叶片叶绿素随时间的变化

46.13%，J0、J1处理则分别降低了19.82%、1.27%，但与Z处理差异均不显著，而J2、J5处理显著高于J0处理；S90时，J0、J2、J3、J4、J5处理较Z处理分别增加了18.11%、70.87%、16.93%、72.51%、98.32%，J2、J4、J5处理与Z处理差异显著，J1处理低于Z处理，但差异不显著；S107时，J0、

J2、J3、J4、J5较Z处理分别增加了28.57%、17.33%、0.56%、55.24%、77.50%，其中J5处理与Z处理差异显著。说明控制灌溉下，前中期再生水灌溉后，恢复清水灌溉有利于提高Chlb质量分数，而且施加一定量的菌剂可以起到增强作用，尤以J2、J4、J5处理最为明显，J2处理提升幅度逐渐降低，J4、J5处理比较稳定。

由图4-2（c）可知，S71时，J2、J3、J4、J5处理叶绿素总量较Z处理分别增加了39.58%、7.87%、25.44%、40.97%，但差异不显著，而J0、J1处理低于Z处理。S90时，J0、J2、J3、J4、J5处理叶绿素总量较Z处理分别增加了17.01%、54.81%、3.55%、67.32%、85.77%，其中J2、J4、J5处理与Z处理差异显著，J1处理仍低于Z处理。S107时，J0、J2、J4、J5处理叶绿素总量较Z处理分别增加了22.12%、5.11%、45.18%、66.65%，其中J5和Z处理差异显著。说明控制灌溉下，前中期再生水灌溉后，恢复清水灌溉有利于提高叶绿素总量，而且施加一定量的菌剂可以起到增强作用，尤以J2、J4、J5处理最为明显，J2处理提升幅度逐渐降低，J4、J5处理比较稳定。

由图4-2（d）可知，S71时，J2、J3、J4、J5处理类胡萝卜素质量分数较Z处理分别增加了30.82%、2.60%、13.58%、17.35%，J0、J1处理低于Z处理，但差异不显著，且J2显著高于J0。S90时，J0、J2、J4、J5处理类胡萝卜素质量分数较Z处理分别增加了23.45%、43.76%、65.46%、70.30%，其中J4、J5处理与Z处理差异显著，J1、J3处理低于Z处理。S107时，J0、J2、J4、J5处理叶类胡萝卜素质量分数仍高于Z处理，J1、J3处理仍低于Z处理，但处理间差异不显著。说明控制灌溉下，前中期再生水灌溉后，恢复清水灌溉有利于提高类胡萝卜素质量分数，而且施加菌剂可以起到增强作用，尤以J2、J4、J5处理最为明显，J2处理提升幅度逐渐降低，J4、J5处理比较稳定。

由图4-2（e）可知，S71时，J0～J5处理叶绿素a/b均低于Z处理，但差异不显著；S90时，J0～J5处理Chla/b较Z处理分别降低了3.47%、14.46%、14.60%、18.66%、8.27%、12.10%，其中J3处理与Z处理差异显著；S107时，J0～J5处理叶绿素a/b较Z处理分别降低了10.68%、7.70%、19.84%、14.96%、12.86%、12.19%，其中J2与Z处理差异显著。说明控制灌溉下，前中期再生水灌溉后，恢复清水灌溉降低了Chla/b，添加菌剂降幅更大，以J2、J3处理较为明显。

4.2.2　2019年水稻叶绿素的变化

2019年施加菌剂后水稻叶片叶绿素如图4-3所示。由图4-3（a）可知，S71时，J0、J1、J2、J3、J5、B3Y1、B2Y2处理Chla分别增加了36.41%、43.69%、6.31%、1.46%、28.16%、32.04%、30.58%，其中J0、J1处理与Z处理差异显著，其余处理与Z处理差异不显著；J4处理降低了3.88%，但与Z处理差异不显著，显著低于J0、J1处理。J0、J1、J5、B3Y1、B2Y2处理Chlb分别增加了30.23%、34.88%、32.56%、12.79%、37.21%，J0、J1、J5、B2Y2与Z处理差异显著；J2、J3、J4处理分别降低了2.33%、11.63%、18.60%，但与Z处理差异不显著。J0、J1、J2、J5、B3Y1、B2Y2处理Chla+b分别增加了34.59%、41.44%、3.77%、29.11%、26.03%、32.53%，其中J0、J1、J5、B2Y2处理与Z处理差异显著；J3、J4处理低于Z处理，差异不显著，二者显著低于J0、J1处理。J2处理类胡萝卜素质量分数较Z处理降低了34.29%，其余处理均高于Z处理，其中J0、J1、B3Y1、B2Y2处理增幅较大，但差异不显著，而J2处理显著低于J0、J1、B3Y1、B2Y2处理。J0～J4、B3Y1处理Chla/b高于Z处理，J5、B2Y2处理低于Z处理，但差异均不显著。恢复清水灌溉有利于提高叶片叶绿素量，同时施加J1菌剂促进叶绿素量的增加，J3、J4反而起抑制作用；再生水条件下施加菌剂有利于叶绿素量的增加，且高于清水灌溉下施加菌剂处理。

S91时，J0、J2、J3、J5处理Chla质量分数分别降低了21.98%、15.93%、7.14%、23.63%，J1、J4处理分别增加了9.89%、0.55%，差异均不显著，而J1处理显著高于J0、J3、J5处理。J0～J5处理Chlb降低了5.61%～36.82%，其中J0、J2、J5处理显著低于Z处理。J1处理叶绿素总量增加了5.62%，其余处理均低于Z处理，但差异不显著，而J1处理显著高于J0和J5处理。J0、J5处理类胡萝卜素较Z处理降低了9.46%，其余处理均高于Z处理，但处理间差异均不显著，J1处理最高，增加了33.44%。J0～J5处理Chla/b分别增加了20.14%、13.43%、27.92%、9.89%、30.39%、21.55%，其中J2、J4与Z处理差异显著。控制灌溉条件下，后期恢复清水灌溉，降低了叶绿素量，施加J1～J4菌剂有利于叶绿素量增加，且有利于提高Chla/b。

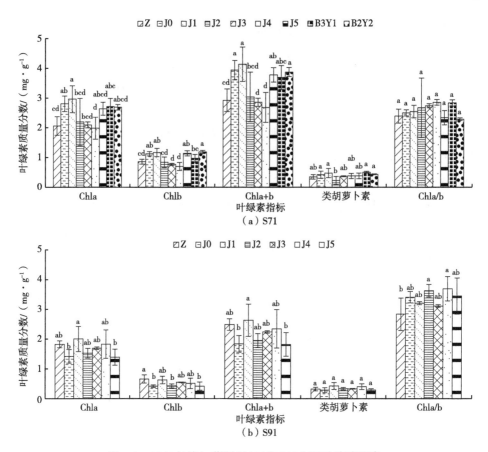

图4-3　2019年施加菌剂后S71和S91水稻叶片叶绿素

4.3　施加菌剂对水稻叶片可溶性糖的影响

施加菌剂后水稻叶片可溶性糖含量随时间变化如图4-4所示。由图4-4（a）可知，除J5处理外，其余处理叶片可溶性糖质量分数均逐渐升高。2018年，S71时，与Z处理相比，J0处理可溶性糖质量分数降低了11.01%，J1～J5处理分别增加了28.80%、18.49%、7.59%、1.87%、38.58%，但与Z处理差异均不显著，而J5、J1处理与J0处理差异显著；S91时，J0～J2处理可溶性糖质量分数低于Z处理，而J3～J5处理则高于Z处理，但差异均不显著；S107时，J0～J5处理可溶性糖较Z处理分别降低了4.75%、2.89%、6.04%、20.11%、13.81%、27.06%，但差异不显著。说明恢复清水灌溉后，可溶性糖质量分数有所降低，而施加菌剂后，短期可以提高叶片可溶性糖质量分数，而长期则降低，以J3～J5降幅较大。

由图4-4（b）可知，2019年，S71时，与Z处理相比，J0处理可溶性糖量增加了16.08%，差异不显著，J1、J2处理分别显著增加了1.31倍、1.13倍，其余处理也高于Z处理，但差异不显著。B3Y1处理低于J2处理，而B2Y2处理高于J3处理，但差异不显著。恢复清水灌溉并施加菌剂均有利于提高叶片可溶性糖量，以J1、J2、B3Y1、B2Y2处理增幅较高。S91时，J0、J5处理叶片可溶性糖量分别增加了13.38%、10.32%，J1～J4处理分别降低了11.15%、18.54%、15.75%、11.20%，但处理间差异均不显著。

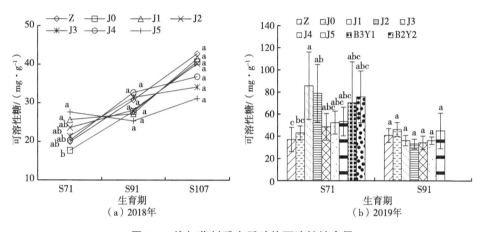

图4-4 施加菌剂后水稻叶片可溶性糖含量

4.4 施加菌剂对水稻根系活力的影响

施加菌剂后水稻根系活力如图4-5所示。分析图4-5（a）可知，2018年，S71时，J0、J1、J2、J3、J4、J5处理根系活力较Z处理分别增加了41.35%、95.83%、96.73%、3.15%、144.00%、147.64%，其中J1、J2、J4、J5处理与Z处理差异显著，且J4、J5显著高于J0处理。S91时，J0～J5处理根系活力均低于Z处理，但各处理间差异不显著，且J2、J4处理根系活力高于J0处理。说明前中期再生水灌溉后，恢复清水灌溉并施加菌剂短期内均可以提高根系活力，J4、J5处理尤为明显。

分析图4-5（b）可知，2019年，S71时，J0、J2、J3、J4、J5、B3Y1、

B2Y2处理根系活力分别降低了6.48%、20.37%、44.44%、4.63%、25.92%、44.44%、7.41%，J1处理增加了13.89%，但处理间差异均不显著；J1处理根系活力显著高于J3、B3Y1处理；B3Y1根系活力小于J2处理，B2Y2处理大于J3处理，说明相比清水灌溉，后期再生水灌溉时施加不同菌剂对水稻根系活力的影响存在差异。S91时，除J3处理外，其余处理根系活力均高于Z处理，但差异均不显著，说明恢复清水并施加菌剂总体上有利于提高水稻根系活力。

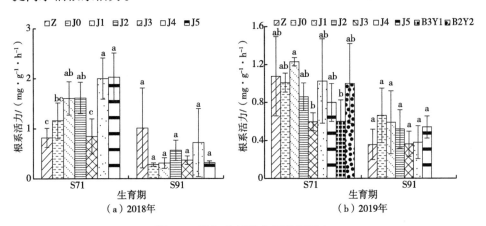

图4-5　施加菌剂后水稻根系活力

4.5　施加菌剂对水稻叶片丙二醛（MDA）的影响

施加菌剂后水稻叶片MDA含量随时间的变化如图4-6所示。分析图4-6（a）可知，2018年，S71时，J0、J2、J3、J4处理叶片MDA量较Z处理分别降低了4.47%、0.04%、11.62%、41.82%，其中J4处理与Z处理差异显著，且J1、J5处理高于Z处理，但差异不显著。S91时，J0、J1、J2、J4处理叶片MDA量均低于Z处理，但处理间差异不显著，且J3、J5处理分别较Z处理增加了32.12%、1.31%，J3处理与Z处理差异显著。S107时，J0、J1处理叶片MDA量较Z处理分别增加了0.93%、20.72%，差异不显著，而J2～J5处理则低于Z处理，差异也不显著，但J1处理显著高于J3～J5处理。说明前中期再生水灌溉后，恢复清水灌溉对叶片MDA无显著促进作用，而施加菌剂后，J2、J4处理有所降低，其余处理有增有减，可见施加菌剂叶片MDA的影响无明显规律。

分析图4-6（b）可知，2019年，S71时，与Z处理相比，J0、J1、J2、J3、J4、B3Y1、B2Y2处理MAD量分别降低了24.28%、1.69%、21.89%、9.95%、39.55%、23.92%、10.92%，J5处理增加了1.78%，其中J4处理与Z、J1、J5处理差异显著。S91时，与Z处理相比，J0、J1、J2、J4、J5处理MDA量分别降低了18.24%、17.33%、31.53%、41.68%、16.33%，J3处理增加了25.62%，其中J4处理与Z处理差异显著，J3处理显著高于J0和其他菌剂处理。除J3处理外，其余处理MDA量均降低，说明施加菌剂可以一定程度上降低叶片MDA含量，以J2、J4处理降幅最大。

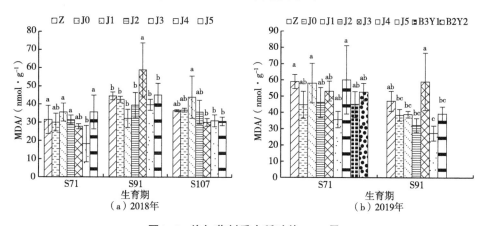

图4-6　施加菌剂后水稻叶片MDA量

4.6　施加菌剂对水稻叶片酶活性和可溶性蛋白的影响

2018年施加菌剂后水稻叶片酶活性和可溶性蛋白随时间的变化如表4-1所示。

表4-1　2018年施加菌剂后水稻叶片酶活性（U·mg⁻¹）和可溶性蛋白（mg·g⁻¹）

指标	时期	Z	J0	J1	J2	J3	J4	J5
SOD	S71	40.23c	42.61bc	47.40bc	59.96ab	75.40a	40.81c	46.74bc
	S91	56.73b	42.83b	97.30a	80.42ab	112.13a	102.42a	56.50b

（续表）

指标	时期	Z	J0	J1	J2	J3	J4	J5
CAT	S71	38.83c	40.52bc	47.75bc	55.11b	71.25a	41.11bc	44.13bc
	S91	43.88bc	19.32c	79.67ab	58.90ab	91.66a	70.05ab	43.12bc
POD	S71	52.75ab	95.46a	24.74b	43.67ab	62.23ab	25.07b	35.87ab
	S91	28.10a	21.03a	46.32a	21.30a	50.43a	24.86a	55.73a
GS	S71	2.15a	2.25a	2.34a	1.45a	1.96a	2.15a	1.22a
	S91	3.24ab	2.01ab	1.70b	2.43ab	3.82a	2.19ab	2.33ab
蛋白	S71	85.15a	86.77a	79.65ab	60.26bc	44.54c	85.50a	75.29ab
	S91	56.65ab	75.08a	35.02b	37.58b	26.45b	30.97b	56.71ab

注：限于版面标准差未列出，下同。

从表4-1可以看出，S71时，J0、J1、J2、J3、J4、J5处理叶片SOD活性较Z处理分别增加了5.92%、17.82%、49.04%、87.42%、1.44%、16.18%，其中J2、J3处理与Z处理差异显著，且J3处理显著高于J0、J1、J4、J5处理；S91时，J0、J5处理SOD活性低于Z处理，但差异不显著，J1~J4处理高于Z处理，其中J1、J3、J4处理较Z处理分别显著增加了71.51%、97.66%、80.54%。S71时，J0、J1、J2、J3、J4、J5处理叶片CAT活性较Z处理分别增加了4.35%、22.97%、41.93%、83.50%、5.87%、13.65%，其中J2、J3与Z处理差异显著，且J3处理显著高于J0、J1、J2、J4、J5处理；S91时，J0、J5处理CAT活性较Z处理分别降低了55.97%、1.73%，但差异不显著，而J1~J4处理均高于Z处理，其中J3处理较Z处理显著增加了108.89%。S71时，与Z处理相比，J0、J3处理POD活性分别增加了80.79%、17.97%，但差异不显著，J1、J2、J4、J5处理则分别降低了53.10%、17.21%、52.47%、32.00%，且差异也不显著，但J0处理显著高于J1、J4处理；S91时，J0、J2、J4处理POD活性分别降低了25.16%、24.20%、11.53%，J1、J3、J5处理分别增加了64.84%、79.47%、98.33%，但差异均不显著。S71时，J0、J1处理GS活性高于Z处理，J2~J5处理低于Z处理，但差异不显著；S91时，J0、J1、J2、J4、J5处理GS活性分别较Z处理降低了37.96%、47.53%、25.00%、32.41%、28.09%，而J3处理较Z处理增加了17.90%，但差异不显著，J3处理显著高于J1处理。S71时，J0、J4处理蛋白质质量分数高于Z处理，但无显著差异，J1处理低于Z处理，差异也不显著，而J2、J3处理较Z处理分别显著降低了29.23%、47.69%；S91时，J0、J5处理可溶性蛋白质量分数较Z处理分别增加了32.53%、0.11%，但差异均不显著，而J1～J4处理则较Z处理分别显著降低了38.18%、33.66%、53.31%、45.33%。说明恢复清水灌溉并施加菌剂短期内均可以提高叶片的SOD活性和CAT活性，中期施加菌剂（除J5处理外）也可以增加SOD活性和CAT活性；另外，恢复清水灌溉和施加菌剂对POD的影响不明显，但施加菌剂会降低叶片GS活性和蛋白质质量分数。

2019年施加菌剂后水稻叶片酶活性和可溶性蛋白随时间的变化如表4-2所示。

表4-2　2019年施加菌剂后水稻叶片酶活性（$U \cdot mg^{-1}$）和可溶性蛋白（$mg \cdot g^{-1}$）

指标	时期	Z	J0	J1	J2	J3	J4	J5	B3Y1	B2Y2
POD	S71	90.46a	96.82a	90.89a	91.36a	100.37a	99.32a	77.04a	71.77a	86.34a
	S91	174.02ab	105.45b	229.61a	167.68ab	239.16a	170.05ab	150.54ab	—	—
CAT	S71	29.52a	35.81a	19.05b	31.70a	19.74b	15.82b	16.95b	17.70b	19.56b
	S91	14.77ab	18.28ab	17.43ab	8.27b	21.28a	14.25ab	11.84ab	—	—
SOD	S71	51.45ab	45.87abc	44.74abc	47.33abc	50.18abc	52.22a	39.58c	40.81bc	44.21abc
	S91	116.17ab	78.77b	165.59a	126.93ab	172.41a	124.21ab	112.75ab	—	—
GS	S71	1.70ab	1.76a	1.50abc	1.70ab	1.17c	1.12c	1.09c	1.16c	1.27bc
	S91	1.20a	1.38a	1.29a	1.35a	1.48a	1.40a	1.25a	—	—
蛋白	S71	30.23c	30.32c	50.52a	37.86bc	46.10ab	45.63ab	42.60ab	42.99ab	35.16bc
	S91	37.08a	31.21ab	17.77c	18.23c	25.28bc	18.56c	27.30bc	—	—

由表4-2可以看出，S71时，与Z处理相比，J0～J5、B3Y1、B2Y2处理可溶性蛋白量分别增加了0.30%、67.12%、25.24%、52.50%、50.94%、40.92%、42.21%、16.31%，其中J1、J3、J4、J5、B3Y1处理与Z处理差异显著；J0～J4处理POD活性增加了0.48%～10.96%，J5、B3Y1、B2Y2分别降低了14.84%、20.66%、4.55%，但处理间差异均不显著；J0、J2处理CAT活性分别增加了21.31%、7.66%，但差异不显著，J1、J3、J4、J5、B3Y1、B2Y2处理CAT活性分别显著降低了35.47%、33.13%、46.41%、42.58%、

40.04%、33.74%；除J4处理外，其余处理SOD活性均低于Z处理，其中J5处理显著降低了23.07%，且与J4处理差异显著；J0处理GS活性增加了3.52%，差异不显著，J1、J2、J3、J4、J5、B3Y1、B2Y2处理分别降低了11.74%、0.18%、31.47%、34.23%、35.82%、31.88%、25.25%，其中J3、J4、J5、B3Y1处理与Z处理差异显著。施加菌剂有利于增加叶片可溶性糖量，但降低了CAT活性、SOD活性、GS活性。S91时，与Z处理相比，J0～J5处理可溶性蛋白量分别降低了15.83%、52.08%、50.84%、31.82%、49.95%、26.38%，J1～J5处理与Z差异显著，J0处理显著高于J1、J2、J4处理。J0、J2、J4、J5处理POD活性分别降低了39.40%、3.64%、2.28%、13.49%，J1、J3处理POD活性分别增加了31.94%、37.43%，差异均不显著，J1、J3处理显著高于J0处理。J0、J1、J3处理CAT活性分别增加了23.76%、18.01%、44.08%，J2、J4、J5处理分别降低了44.01%、3.52%、19.84%，差异均不显著，而J3处理显著高于J2处理。J0、J5处理SOD活性分别降低了32.19%、2.94%，J1～J4处理分别增加了42.54%、9.26%、48.41%、6.92%，但与Z处理差异均不显著，而J1、J3处理显著高于J0处理。J0～J5处理GS活性增加了4.17%～23.33%，但处理间差异均不显著。

4.7 再生水灌溉和施加菌剂对水稻叶片光合作用的影响

2018年再生水和清水控制灌溉下拔节期（S54）水稻叶片光合参数如表4-3所示。从表4-3可以看出，与CK相比，Q、Z处理净光合速率（Pn）分别降低了12.53%、45.95%，其中Z处理与CK差异显著，说明Z处理叶片光合作用较弱，生长受到抑制；Q、Z处理气孔导度（Gs）分别降低了24.64%、72.46%，处理间差异均显著；Q处理胞间二氧化碳（Ci）摩尔分数与CK无明显差异，Z处理Ci显著高于CK处理，增加了11.40%；Q、Z处理蒸腾速率（Tr）分别降低了10.73%、45.70%，其中Z处理与CK差异显著；Q、Z处理潜在水分利用效率（WUEi）分别比CK增加了15.13%、95.33%，Z处理显著高于CK和Q处理。说明再生水和清水控制灌溉均会降低水稻光合作用，再生水灌溉对叶片光合产生较为严重的抑制作用。

表4-3 2018年再生水和清水控制灌溉下拔节期（S54）水稻叶片光合参数

处理	Pn/ ($\mu mol \cdot m^{-2} \cdot s^{-1}$)	Gs/ ($mol \cdot m^{-2} \cdot s^{-1}$)	Ci/ ($\mu mol \cdot mol^{-1}$)	Tr/ ($mmol \cdot m^{-2} \cdot s^{-1}$)	WUEi ($\mu mol \cdot mol^{-1}$)
CK	14.21 ± 0.70a	0.69 ± 0.12a	291.97 ± 9.65b	8.95 ± 0.60a	21.21 ± 4.51a
Q	12.43 ± 1.66a	0.52 ± 0.12b	291.80 ± 5.86b	7.99 ± 0.90a	24.42 ± 3.45a
Z	7.68 ± 1.61b	0.18 ± 0.03c	325.27 ± 20.25a	4.86 ± 0.72b	41.43 ± 4.43b

2019年再生水和清水控制灌溉下拔节期（S56）水稻叶片光合参数如表4-4所示。从表4-4可以看出，与CK相比，Q、Z处理Pn分别显著降低了18.73%、22.50%，二者间差异不显著；Gs分别显著降低了54.55%、71.21%，Q显著高于Z处理；Ci分别降低了9.90%、20.35%，Q、Z、CK三者间差异均显著；Tr分别显著降低了27.73%、40.70%，Q显著高于Z处理；WUEi分别增加了77.32%、157.32%，其中Z、Q、CK三者间差异均显著。

表4-4 2019年再生水和清水控制灌溉下拔节期（S56）水稻叶片光合参数

处理	Pn/ ($\mu mol \cdot m^{-2} \cdot s^{-1}$)	Gs/ ($mol \cdot m^{-2} \cdot s^{-1}$)	Ci/ ($\mu mol \cdot mol^{-1}$)	Tr/ ($mmol \cdot m^{-2} \cdot s^{-1}$)	WUEi ($\mu mol \cdot mol^{-1}$)
CK	16.18 ± 1.58a	0.66 ± 0.16a	336.61 ± 5.83a	8.33 ± 0.69a	25.26 ± 4.44c
Q	13.15 ± 1.05b	0.30 ± 0.06b	303.31 ± 7.25b	6.02 ± 0.41b	44.79 ± 9.53b
Z	12.54 ± 2.06b	0.19 ± 0.03c	268.12 ± 17.94c	4.94 ± 0.42c	65.00 ± 9.91a

2019年（S75）施加菌剂后水稻叶片光合参数如表4-5所示。从表4-5可以看出，与Z处理相比，J0～B2Y2处理Pn分别增加了55.40%、70.85%、29.15%、56.91%、61.06%、20.85%、11.43%、11.31%，其中J0、J1、J2、J3与Z处理差异显著，J1显著高于J4、J5、B3Y1、B2Y2，J2、J3显著高于B3Y1、B2Y2；J0、J4、B2Y2处理Gs较Z处理分别降低了0.93%、7.41%、1.85%，其余处理均高于Z处理，处理间差异均不显著；J0～B2Y2处理Ci分别降低了29.85%、26.03%、23.77%、25.71%、23.68%、12.13%、2.46%、10.33%，J0～J4处理与Z处理差异显著，J2、J3处理显著低于B3Y1和B2Y2处理。J0～B2Y2处理Tr分别增加了18.67%、34.13%、38.13%、32.00%、12.53%、20.07%、21.33%、5.87%，J2、J3高于B3Y1和B2Y2处理，但处理间差异均不显著。J0、J1、J2、J3、J4、J5、B2Y2处理WUEi分别增加了

56.92%、43.42%、33.96%、38.92%、39.25%、18.38%、18.31%，B3Y1处理则降低了3.68%，J0、J1、J3、J4处理与Z差异显著，B3Y1处理显著低于J2处理，B2Y2处理低于J3处理，但差异不显著。恢复清水灌溉并施加菌剂有利于提高水稻光合能力；再生水灌溉下施加菌剂也有利于提高水稻光合能力，但增加幅度低于清水灌溉。

表4-5   2019年（S75）施加菌剂后水稻叶片光合参数

处理	Pn/ (μmol·m⁻²·s⁻¹)	Gs/ (mol·m⁻²·s⁻¹)	Ci/ (μmol·mol⁻¹)	Tr/ (mmol·m⁻²·s⁻¹)	WUEi (μmol·mol⁻¹)
Z	$7.96 \pm 1.06c$	$0.108 \pm 0.011a$	$313.81 \pm 16.48a$	$3.75 \pm 0.39a$	$74.21 \pm 8.70cd$
J0	$12.37 \pm 0.62ab$	$0.107 \pm 0.011a$	$220.14 \pm 13.93c$	$4.45 \pm 0.37a$	$116.45 \pm 9.00a$
J1	$13.60 \pm 1.88a$	$0.128 \pm 0.017a$	$232.13 \pm 4.42c$	$5.03 \pm 0.73a$	$106.43 \pm 1.27ab$
J2	$12.82 \pm 2.55a$	$0.135 \pm 0.047a$	$239.21 \pm 29.81bc$	$5.18 \pm 1.43a$	$99.41 \pm 21.03abc$
J3	$12.49 \pm 1.22ab$	$0.126 \pm 0.038a$	$233.13 \pm 37.36c$	$4.95 \pm 0.76a$	$103.09 \pm 22.53ab$
J4	$10.28 \pm 0.27bc$	$0.100 \pm 0.011a$	$239.49 \pm 17.88bc$	$4.22 \pm 0.35a$	$103.34 \pm 11.79ab$
J5	$9.62 \pm 1.38c$	$0.110 \pm 0.016a$	$275.75 \pm 9.86ab$	$4.69 \pm 0.60a$	$87.85 \pm 5.51bcd$
B3Y1	$8.87 \pm 1.48c$	$0.125 \pm 0.027a$	$306.10 \pm 7.16a$	$4.55 \pm 0.99a$	$71.48 \pm 6.79d$
B2Y2	$8.86 \pm 1.03c$	$0.106 \pm 0.030a$	$281.38 \pm 34.42a$	$3.97 \pm 0.77a$	$87.82 \pm 1.84bcd$

4.8   施加菌剂对水稻根、茎、叶解剖结构的影响

通气组织是水稻重要的解剖学特性之一，即使在通气良好的条件下水稻根系也有通气组织形成（Jackson et al., 1985），而且同时存在溶生型和裂生型两种类型的通气组织。植物根系内通气组织属于溶生型通气组织，通过细胞的程序化死亡（PCD）或者特殊细胞的自溶形成（Evans, 2003），干旱（Henry et al., 2012）、淹水（缺氧）（Suralta and Yamauchi, 2008）、营养亏缺（氮、磷、钾、硫）、盐胁迫等（Jackson and Armstrong, 1999；Krishnamurthy et al., 2009；Abiko and Obara, 2004；Abiko et al., 2012）非生物逆境条件会影响根系通气组织的形成。孔隙度用于反映通气组织的发育状况，水稻根系孔隙度越大，表明通气组织越发达，根系转运氧的能力越强。低氧或缺氧胁迫可诱导根系孔隙度增大，以此增加转运氧的能力

（Colmer et al., 1998；Colmer, 2003）。

根系吸收水分和养分的能力由根系形态和解剖结构决定。侧根数、根长、表面积和体积决定了根系与其生长介质的接触面积，从而影响了水分和养分的吸收（高翠民，2015）。根系的解剖结构是影响根系水流导度的重要因子（Steudle et al., 2001）。Gowda et al.（2011）研究发现干旱条件下，根系通过产生更多的侧根增加吸收水分的能力，或者通过增大根系木质部导管直径，减少水分纵向运输的阻力，从而提高植物的抗旱能力。

维管束是水稻植株的主要微观结构，茎、叶、叶鞘中都有维管束（Smillie et al., 2012；张英，2005），其在植株体内进行长距离运输，承担了"源、库、流"中的"流"的功能（王维金和徐珍秀，1994）。维管束在水稻的整个植株均有分布，且不同部位的维管束性状不尽相同。在根中，维管束约14条较小筛管环绕4～5条导管；在茎中，大维管束约32条，木质部发达，且维管束分为内环和外环两环，外环维管束基本分布于机械组织，内环维管束较为发达。水稻的叶为主要光合部位，运输养分和水分的维管束在叶片和叶鞘中分布细致，大、小维管束均有分布，同时还形成了维管束鞘。水稻果实发育过程中维管束扮演非常重要的角色。单子叶颖果的营养物质主要储藏在胚乳中，营养物质到达胚乳主要通过颖果背部的维管束，背部维管束由40条左右的筛管环绕约25条导管，果皮背部维管束对籽粒灌浆影响很大（王敏，2011）。

维管束越大、数目越多，养分供应就越好，有利于叶片的生长和光合速率的提高。另外，叶片中大而多的气腔有利于叶部向下运送更多氧气至根部，以吸收更多的营养物质。叶中部和主脉一侧叶片发育状况也能够反映水稻光合以及运输养分的能力。水肥管理、增氧、添加剂等均会显著影响植物解剖结构。添加5.0%生物炭可以增加根半径、根截面积、根表皮厚度、根皮层厚度、皮层腔面积、根导管数量及导管面积等性状指标，生物炭添加量为5.0%～10.0%时，根解剖结构各项性状指标达到最大值（周劲松 等，2017）。在滨海盐渍土上，减氮配施微生物菌剂可增加水稻根长、根表面积、根平均直径、总根体积和根尖数，促进水稻根系生长（李丽 等，2019）。周晚来 等（2018）研究发现根际增氧显著影响了水培水稻根系形态和结构，使其呈现细而长的特征，增氧条件下水稻根系形态、结构及其功能需求间存在内在的一致性。与CK相比，轻度干旱处理主脉截面积减小了

31.13%，侧叶大维管束面积和周长分别降低了28.87%和15.79%，重度干旱处理则分别降低了24.74%和13.16%，且干旱处理侧叶小维管束面积和周长也显著减少（陆红飞 等，2017）。

4.8.1 根解剖结构

2018年S71各处理根系解剖结构如图4-7所示。图4-7（a）中，Z处理，观察到一些气腔，有些呈径向分布，有的沿圆周分布，同时存在大量薄壁

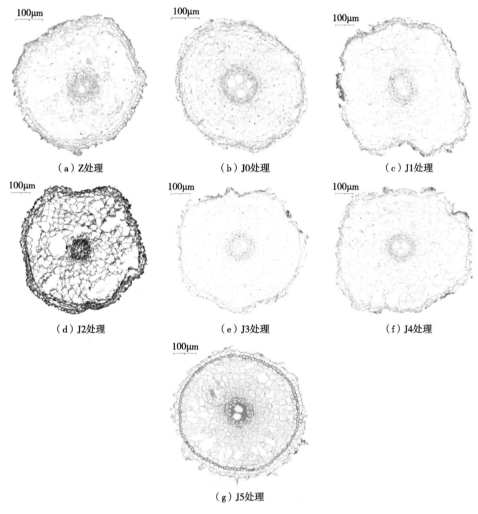

（a）Z处理　　　　　　　　（b）J0处理　　　　　　　　（c）J1处理

（d）J2处理　　　　　　　　（e）J3处理　　　　　　　　（f）J4处理

（g）J5处理

图4-7　2018年S71各处理根系解剖结构

细胞，其中大体积的薄壁细胞较多；图4-7（b），J0处理根系内尚未形成气腔，仅有少量大体积薄壁细胞；图4-7（c），J1处理根系内形成少量小气腔，大体积的薄壁细胞较多；图4-7（d），J2处理根系中形成了一些气腔，形状和分布无明显规律，大体积的薄壁细胞较多；图4-7（e），J3处理与J0处理相似，根系未形成气腔；图4-7（f），J4处理根系部分薄壁细胞破裂，形成了少量小体积气腔；图4-7（g），J5处理与J4处理相似，仅形成少量小气腔。各处理根系均未形成大量气腔，Z、J2处理气腔数量多于其他处理，面积也大于其他处理，J0、J3处理尚未形成气腔，说明恢复清水灌溉和施加菌剂一定程度延缓了根系的衰老进程。除J5处理外，其他处理根外层细胞排列均比较混乱，结构不清晰。

2018年S71各处理根系解剖结构统计结果如表4-6所示。

表4-6 2018年S71各处理根系解剖结构统计结果

处理	导管数/个	导管总面积/μm^2	中柱周长/μm	中柱面积/μm^2	截面周长/μm	根截面积/μm^2	根外层厚度/μm
Z	2.3a	666.3a	356.4a	9 885.6a	1 580.6a	184 573.6ab	32.5a
J0	2.3a	1 435.3a	328.8a	8 403.7a	1 412.6a	141 334.9b	30.6ab
J1	2.0a	1 138.6a	285.4a	11 274.4a	1 906.3a	269 155.8ab	31.6ab
J2	2.0a	585.4a	341.9a	7 916.9a	1 720.0a	215 152.8ab	27.6ab
J3	2.3a	1 122.5a	339.3a	9 359.5a	1 749.2a	226 820.9ab	21.3b
J4	2.4a	1 271.4a	370.4a	10 565.3a	1 933.9a	264 639.5ab	26.7ab
J5	2.5a	1 723.1a	412.2a	13 480.6a	2 003.3a	305 633.6a	34.1a

注：限于版面标准差未列出，下同。

由表4-6可知，2018年，J1、J2处理根中柱导管数均减少了0.3个，J0、J3处理与Z处理无差异，J4、J5处理则分别增加了0.1个、0.2个，处理间差异均不显著；J2处理导管总面积减少了12.14%，J0、J1、J3、J4、J5处理分别增加了115.41%、70.88%、68.47%、90.81%、158.61%，处理间差异不显著；J0、J1、J2、J3处理中柱周长分别缩短了7.74%、19.92%、4.07%、4.8%，J4、J5处理则分别增加了3.93%、15.66%；J0、J2、J3处理中柱面积分别减小了14.99%、19.91%、5.32%，J1、J4、J5处理则分别增加了14.05%、6.88%、36.37%；J0处理截面周长缩短了10.63%，J1~J5处理分别增加了20.61%、8.82%、10.67%、22.35%、26.74%，但差异均不显著；

J0处理根截面积低于Z处理，其余处理则增加了16.57%～65.59%，其中J5处理显著高于J0处理；J0～J4处理根外层厚度分别减小了5.85%、2.77%、15.08%、34.46%、17.85%，而J5处理则增加了4.92%，其中J3处理显著低于Z处理和J5处理。恢复清水灌溉有利于增加根导管总面积，除J2外，其余菌剂处理均增加了导管面积，且J5处理提升幅度最大；增加酵母菌施量有利于增加中柱周长和面积，如J4处理和J5处理；恢复清水一定程度降低了根截面周长和面积，而施加菌剂则促进了根系截面的发育；恢复清水可以降低根外层厚度，施加菌剂（J2、J3、J4）可以进一步减小根外层厚度。

2019年S71各处理根系解剖结构如图4-8所示。从图4-8（a）可以看

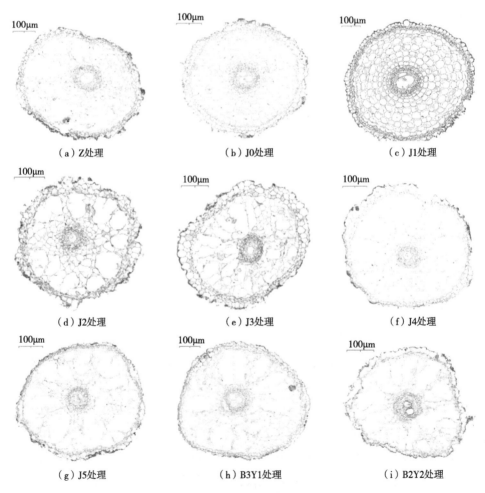

（a）Z处理 （b）J0处理 （c）J1处理

（d）J2处理 （e）J3处理 （f）J4处理

（g）J5处理 （h）B3Y1处理 （i）B2Y2处理

图4-8 2019年S71各处理根系解剖结构

出，Z处理根系形成了一些气腔，基本沿径向分布，少量气腔分布散乱，同时仍存在大量的薄壁细胞；图4-8（b）和图4-8（c），J0、J1处理未形成气腔，均匀分布大量薄壁细胞；图4-8（d），J2处理根系形成了大量气腔，基本沿径向分布，多数呈椭圆状，同时围绕根中部分布一些薄壁细胞；图4-8（e），J3处理根系形成了大量气腔，沿径向散乱地分布，且有合并的趋势；图4-8（f），J4处理同样形成了大量气腔；图4-8（g），J5处理根系形成了椭圆状的沿径向分布的气腔，存在少量薄壁细胞；图4-8（h）和图4-8（i），B3Y1、B2Y2处理均沿径向形成大量气腔，呈条状分布。除J0、J1处理外，其余处理根系均形成了大量气腔，说明恢复清水和单施加枯草芽孢杆菌有利于延缓根系衰老。

2019年S71各处理根系解剖结构统计结果如表4-7所示。

表4-7　2019年S71各处理根系解剖结构统计结果

处理	导管数/个	导管总面积/μm^2	中柱周长/μm	中柱面积/μm^2	截面周长/μm	根截面积/μm^2	根外层厚度/μm
Z	1.0a	1 953.4a	380.6abc	10 965.7abc	1 667.6a	211 463.9a	30.1a
J0	2.5a	1 574.0a	410.6a	13 198.7a	1 729.7a	229 934.1a	34.4a
J1	1.7a	2 076.1a	402.6ab	13 092.9ab	1 748.0a	237 987.6a	36.5a
J2	1.5a	934.0a	328.9abc	8 651.3abc	1 494.6a	181 307.6a	28.9a
J3	1.7a	987.3a	311.5bc	7 556.4b	1 439.6a	154 754.5a	30.2a
J4	1.8a	1 083.1a	319.2abc	7 972.7bc	1 613.2a	190 638.5a	30.2a
J5	1.0a	773.3a	308.9c	7 384.6b	1 526.5a	173 531.1a	28.6a
B3Y1	2.0a	1 331.9a	357.3abc	9 846abc	1 760.4a	237 349.5a	27.2a
B2Y2	1.3a	795.8a	359.7abc	10 073.2abc	1 580.8a	192 333.7a	26.5a

由表4-7可知，2019年，与Z处理相比，J0、J1、J2、J3、J4、J5、B3Y1、B2Y2处理导管数分别增加了1.5个、0.7个、0.5个、0.7个、0.8个、0个、1个、0.3个，处理间差异不显著；J1处理导管总面积增加了6.28%，其余处理分别降低了19.42%、52.19%、49.46%、44.55%、60.41%、31.82%、59.26%，处理间差异不显著；J0、J1处理根中柱周长分别增加了7.88%、5.78%，其余处理均低于Z处理，但与Z处理差异均不显著，其中J3、J5处理显著低于J0处理；各处理中柱面积表现与周长相似；J0、J1、B3Y1处理根

截面周长分别增加了3.72%、4.82%、5.56%，J0、J1、B3Y1处理根截面积分别增加了8.73%、12.54%、12.24%，其余处理根截面周长和面积均低于Z处理，但处理间差异均不显著；J0、J1、J3、J4处理根外层厚度分别增加了4.3μm、6.4μm、0.1μm、0.1μm，其余处理分别降低了1.2μm、1.5μm、2.9μm、3.6μm，处理间差异均不显著。恢复清水灌溉和施加菌剂有利于增加导管数，但降低了导管面积和周长，恢复清水和单独施加枯草芽孢杆菌有利于增加根截面积和周长以及根外层厚度。

4.8.2 茎解剖结构

2018年S71各处理茎解剖结构如图4-9所示。

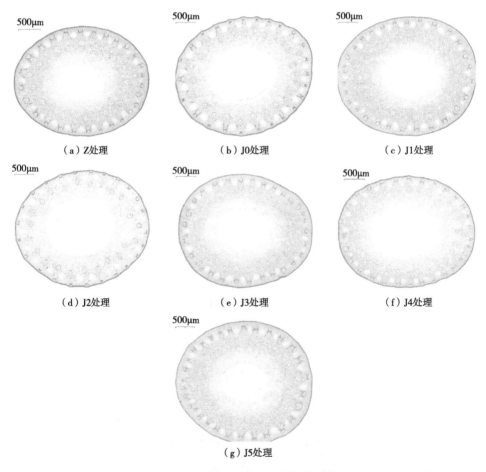

（a）Z处理　　　　　　（b）J0处理　　　　　　（c）J1处理

（d）J2处理　　　　　　（e）J3处理　　　　　　（f）J4处理

（g）J5处理

图4-9　2018年S71各处理茎解剖结构

从图4-9可以看出，各处理茎按序分布着小维管束、通气腔、大维管束，相关统计指标见表4-8。

表4-8　2018年S71各处理茎解剖结构统计结果

指标	Z	J0	J1	J2	J3	J4	J5
外径/μm	2 920.4b	3 073.1ab	2 994.2ab	3 449.0a	3 218.9ab	2 819.1b	3 261.1ab
内径/μm	1 005.3b	1 236.3ab	1 220.5ab	1 445.0a	1 359.9ab	1 158.1ab	1 190.2ab
通气腔个数/个	25.8a	24.8a	24.3a	24.8a	25.0a	25.3a	26.3a
小维管束个数/个	27.8ab	25.8b	28.3ab	25.8b	28.8a	28.8a	29.0a
大维管束个数/个	26.4a	26.8a	25.8a	25.2a	27.2a	26.3a	26.6a
小维管束面积/μm²	10 964.5a	9 610.4a	10 301.7a	10 784.7a	6 645.0a	6 659.1a	9 990.2a
小维管束周长/μm	384.0a	357.5a	362.2a	379.8a	293.4a	291.7a	362.0a
大维管束面积/μm²	17 395.7ab	17 338.5ab	15 033.8ab	18 193.2ab	15 166.3ab	11 988.4b	19 984.1a
大维管束周长/μm	502.8ab	491ab	457.8ab	501.4ab	458.5ab	408.0b	531.3a
壁厚/μm	23.9a	22.3a	22.5a	25.9a	26.0a	22.7a	28.5a

从表4-8可以看出，2018年，与Z处理相比，J4处理外径缩短了3.47%，J0、J1、J2、J3、J5处理分别增加了5.23%、2.53%、18.10%、10.22%、11.67%，其中J2处理显著高于Z处理和J4处理；J0~J5处理内径均高于Z处理，其中J2处理显著增加了43.74%；J0、J1、J2、J3、J4处理通气腔个数分别减少了1.0个、1.5个、1.0个、0.8个、0.5个，而J5处理增加了0.5个，处理间差异均不显著；J0、J2处理小维管束个数均减少了2个，J1、J3、J4、J5处理分别增加了0.5个、1.0个、1.0个、1.2个，其中J3~J5处理显著高于J0、J2处理；J0、J3、J5处理大维管束个数分别增加了0.4个、0.8个、0.2个，J1、J2、J4处理分别减少了0.6个、1.2个、0.1个，但处理间差异

均不显著；J0～J5处理小维管束面积和周长分别减少了6.04%～39.40%、1.09%～24.04%，但差异不显著；J0、J1、J3、J4处理大维管束面积分别减少了0.33%、13.58%、12.82%、31.08%，J2、J5处理分别增加了4.58%、14.88%，其中J5处理显著高于Z处理；J0～J4处理大维管束周长缩短了0.28%～18.85%，J5处理增加了5.67%，其中J5处理与J4处理差异显著；J0、J1、J4处理茎壁厚小于Z处理，J2、J3、J5处理分别增加了8.37%、8.79%、19.25%，但处理间差异均不显著。除J4外，施加菌剂有利于增加内、外径，以J2和J3增幅较大；施加菌剂未显著降低大、小维管束面积和周长，J3、J5处理增加了维管束个数和壁厚。

4.8.3　叶解剖结构

2018年S71各处理主脉、侧叶解剖结构如图4-10、图4-11所示。从图4-10可以看出，主脉大维管束主要分布在主脉的两侧，小维管束主要分布

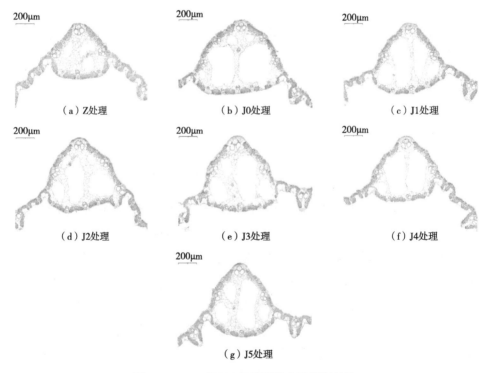

（a）Z处理　　　　（b）J0处理　　　　（c）J1处理

（d）J2处理　　　　（e）J3处理　　　　（f）J4处理

（g）J5处理

图4-10　2018年S71各处理叶主脉解剖结构

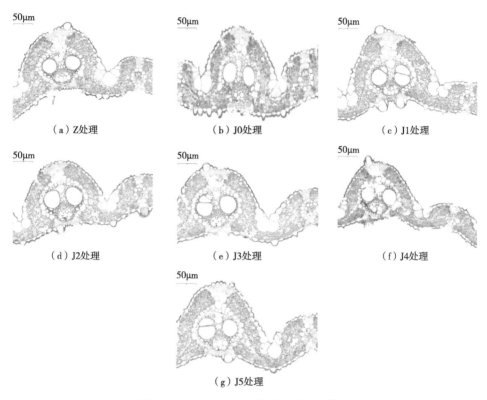

（a）Z处理　　　　　　（b）J0处理　　　　　　（c）J1处理

（d）J2处理　　　　　　（e）J3处理　　　　　　（f）J4处理

（g）J5处理

图4-11　2018年S71各处理侧叶解剖结构

在主脉底部，少量分布在两侧，而气腔分布在主脉中间，多数气腔沿中间对称分布。从图4-11可以看出，侧叶大维管束两侧均分布有泡，两个大维管束之间分布着小维管束，小维管束两侧也有泡。主脉、侧叶解剖结构相关统计指标见表4-9、表4-10。

从表4-9可以看出，与Z处理相比，J0、J2、J3、J4、J5处理主脉大维管束个数分别增加了0.7个、0.3个、0.4个、0.2个、0.3个，但处理间差异均不显著；J0～J5处理大维管束面积和周长比Z处理分别增加了1.00%～6.17%、1.39%～10.67%，但差异均不显著；J0、J1、J2、J3、J4、J5处理主脉小维管束个数分别增加了2.7个、1.0个、1.5个、2.8个、2.4个、1.7个，但处理间差异不显著；J2、J4处理小维管束周长和面积大于Z处理，其余小于Z处理，处理间差异均不显著；J0～J5处理主脉周长分别增加了19.51%、7.91%、12.70%、11.33%、13.62%、9.09%，面积也均大于Z处理，但处理间差异均不显著；J0～J5处理单个气腔面积分别增加了157.64%、61.88%、

33.93%、63.92%、56.48%、40.29%，其中J0处理显著大于Z、J2、J5处理；J0~J5处理单个气腔周长分别增加了61.66%、34.63%、20.57%、29.01%、22.91%、28.06%，其中J0与Z处理差异显著；J0~J5处理气腔面积分别增加了135.95%、85.90%、67.76%、70.01%、94.30%、55.73%；除J0、J3处理外，其余处理气腔数均多于Z处理，J2、J4最多，但处理间差异均不显著。恢复清水有利于增加大、小维管束个数，增加大维管束周长和面积，增加主脉和气腔的面积和周长，除J3处理外，施加菌剂有利于增加气腔数量。恢复清水降低了小维管束周长和面积，但施加菌剂相比不施加菌剂则增加了小维管束周长和面积，以J2处理增幅最大。

表4-9   水稻叶片主脉解剖结构统计结果

指标	Z	J0	J1	J2	J3	J4	J5
大维管束个数/个	3.0a	3.7a	3.0a	3.3a	3.4a	3.2a	3.3a
大维管束周长/μm	329.8a	348.8a	336.8a	350.0a	333.1a	350.1a	335.3a
大维管束面积/μm²	8 235.6a	9 114.6a	8 513.1a	9 192.0a	8 350.3a	9 108.0a	8 366.3a
小维管束个数/个	5.0a	7.7a	6.0a	6.5a	7.8a	7.4a	6.7a
小维管束周长/μm	158.2a	140.1a	143.1a	160.5a	155.7a	159.1a	141.6a
小维管束面积/μm²	1 913.9a	1 485.9a	1 614.1a	1 995.3a	1 908.1a	1 939.0a	1 582.2a
主脉周长/μm	2 032.6a	2 429.2a	2 193.4a	2 290.7a	2 262.8a	2 309.4a	2 217.4a
主脉面积/μm²	295 202.6a	425 785.5a	334 409.0a	364 036.2a	373 265.7a	378 781.4a	338 980.3a
气腔周长/μm	622.9b	1 007.0a	838.6ab	751.0ab	803.6ab	765.6ab	797.7ab
单气腔面积/μm²	28 820.7b	74 252.5a	46 654.0ab	38 598.8b	47 244.0ab	45 100.0ab	40 433.5b

（续表）

指标	Z	J0	J1	J2	J3	J4	J5
气腔总面积/μm^2	62 938.5a	148 504.9a	117 001.2a	105 587.8a	107 002.9a	122 289.3a	98 014.2a
气腔数/个	2.3a	2.0a	2.5a	2.8a	2.2a	2.8a	2.5a

分析表4-10可知，与Z处理相比，J0、J1、J2、J3、J4、J5处理大维管束个数分别增加了0.3个、0.3个、1.1个、1.3个、0.9个、1.1个，其中J2、J3、J4、J5处理与Z处理差异显著；但这6个处理大维管束周长和面积分别降低了0.69% ~ 4.32%、0.59% ~ 14.83%，差异均不显著；除J2处理外，其余处理小维管束个数均多于Z处理，J1处理增加幅度最大，达14.97%；J0、J1、J2、J4、J5处理小维管束周长分别减少了2.29%、15.66%、9.67%、0.18%、10.29%，J3处理增加了0.79%，其中J1处理与Z、J0、J3、J4处理差异显著；J0、J4处理小维管束面积分别增加了3.91%、7.85%，其余处理均低于Z处理，处理间差异均不显著；J0处理侧叶周长缩短了0.23mm，面积减小了0.01mm^2，J1、J2、J3、J4、J5处理侧叶周长分别增加了2.1mm、1.4mm、0.66mm、1.32mm、0.68mm，面积分别增加了0.11mm^2、0.08mm^2、0.05mm^2、0.06mm^2、0.06mm^2，其中J1处理侧叶周长和面积均显著大于Z处理和J0处理；J0、J1、J2、J3、J4、J5处理泡个数分别增加了1个、2.2个、1.2个、1.9个、2.9个、3.0个，但除J1处理外，其余处理泡周长均较Z处理短，J0、J4处理泡面积分别降低了10.33%、24.29%，其余处理较Z处理大，但处理间差异均不显著。恢复清水有利于增加大维管束个数、小维管束个数和泡个数，施加菌剂有进一步的促进作用，但大、小维管束周长和面积有一定程度降低。除J4处理外，其余菌剂处理均有利于增加泡面积，以J2增幅最大。

表4-10　水稻叶片侧叶解剖结构统计结果

指标	Z	J0	J1	J2	J3	J4	J5
大维管束个数/个	4.7b	5.0b	5.0b	5.8a	6.0a	5.6a	5.8a
大维管束周长/μm	333.5a	319.1a	331.2a	328.1a	324.2a	325.6a	325.0a
大维管束面积/μm^2	8 308.5a	7 565.1a	8 259.2a	8 214.5a	7 860.1a	7 903.3a	7 076.4a

（续表）

指标	Z	J0	J1	J2	J3	J4	J5
小维管束个数/个	18.7a	20.3a	21.5a	18.5a	19.0a	20.6a	20.3a
小维管束周长/μm	113.7a	111.1a	95.9b	102.7ab	114.6a	113.5a	102.0ab
小维管束面积/μm^2	876.2a	910.5a	682.5a	764.6a	865.5a	945.0a	760.8a
侧叶周长/mm	9.60b	9.37b	11.70a	11.00ab	10.26ab	10.92ab	10.28ab
侧叶面积/mm^2	0.40b	0.39b	0.51a	0.48ab	0.45ab	0.46ab	0.46ab
泡个数/个	22.3a	23.3a	24.5a	23.5a	24.2a	25.2a	25.3a
泡周长/μm	215.2a	206.2a	218.8a	213.4a	213.8a	193.7a	214.4a
泡面积/μm^2	2 686.2a	2 408.6a	2 791.0a	3 041.6a	2 950.3a	2 033.7a	2 751.8a

4.9　本章小结

（1）施加菌剂可以增加叶片SPAD和叶绿素量。2018年，S76前施加菌剂增加了叶片SPAD；S86后，不同菌剂处理表现不同，J3、J4处理能够维持较高的SPAD，而其他菌剂处理则呈降低趋势；2019年，S71时施加菌剂处理SPAD小幅增加，而后J1、J2、J3处理维持较高SPAD，其他处理则呈降低趋势。2018年，恢复清水灌溉有利于提高Chla、Chlb、类胡萝卜素质量分数，而且施加一定量的菌剂可以起增强提升作用，以J2、J4、J5增幅最大；但一定程度降低了Chla/b；2019年，S71时恢复清水灌溉有利于提高叶片叶绿素含量，同时施加J1菌剂促进叶绿素含量的增加，J3、J4反而起抑制作用；再生水条件下施加菌剂有利于叶绿素量的增加，且高于清水灌溉下施加菌剂处理；而S91时，恢复清水灌溉降低了叶绿素量，施加菌剂（J1～J4处理）有利于叶绿素量增加，且有利于提高Chla/b。虽然采用SPAD来反映叶绿素量可以起到便捷、高效的效果，但由于叶绿体结构的不同以及在细胞内的分布差异，光线在叶片内存在迂回效应和过滤效应，SPAD与叶绿素并非只是简单的直线关系（Parry et al., 2014；Xiong et al., 2015），且在不同物种之间、同物种不同部位之间、不同生育阶段以及外部环境因素的干扰下也有所不同（Lin et al.，2010；Yuan et al.，2016）。这也是导致本研究中SPAD结果与浸提法测得的部分结果存在差别的主要原因。因此，大田生产中可以采用SPAD来粗略地判断作物生长态势，但若需要精准确定叶绿素量还需结合化学的方法来判定。

（2）施加菌剂对叶片可溶性糖和根系活力有较大影响。2018年，恢复清水灌溉可溶性糖质量分数有所降低，而施加菌剂，短期可以提高叶片可溶性糖质量分数，而长期则起反作用，以J3～J5处理降幅较大。而2019年，恢复清水灌溉并施加菌剂均有利于提高叶片可溶性糖量，以J1、J2、B3Y1、B2Y2处理增幅较高。菌剂可以增强根系活力，但起作用的时间两年间存在差别，这可能与土壤养分变化、土壤微生物种群数量等有关。2018年，恢复清水灌溉并施加菌剂短期内均可以提高根系活力，J4、J5处理尤为明显，长期则可能产生抑制作用。2019年，S71时除J1处理外，其余菌剂处理根系活力均降低，但S91时，除J3外，其余菌剂处理根系活力均增强。

（3）施加菌剂对不同时期叶片抗氧化酶和可溶性蛋白的影响存在差异。本研究结果表明，恢复清水灌溉后叶片MDA量无明显增加，而施加菌剂后，J2、J4处理有所降低，S91时J3处理则大幅增加。Nafady et al.（2019）通过接种酵母和丛枝菌根真菌（AMF），降低了丙二醛（MDA）量，减轻病害。2018年，恢复清水灌溉和施加菌剂均可以提高S71叶片的SOD活性和CAT活性，施加菌剂（除J5处理外）也可以增加S91时叶片SOD和CAT活性，但施加菌剂降低了可溶性蛋白量；另外，恢复清水灌溉和施加菌剂对POD的影响不明显，但施加菌剂会降低叶片GS活性和蛋白质质量分数。2019年，恢复清水灌溉增加了S71时POD活性、CAT活性、GS活性及可溶性蛋白量，施加菌剂后J2、J3、J4增加了POD活性，J2增加了CAT活性，菌剂处理均增加了可溶性蛋白量；S91时，菌剂处理则降低了可溶性蛋白量，增加了GS活性，J1、J2增加了POD活性、CAT活性，J1～J4处理增加了SOD活性。有研究表明，枯草芽孢杆菌（AUBS1）提高了水稻叶片中苯丙氨酸解氨酶（PAL）、过氧化物酶（POD）和蛋白质合成的宿主产量（Jayaraj，2004）。再生水灌溉下，施加菌剂降低了叶片酶活性，但增加了可溶性蛋白量。吴秀红 等（2018）发现苗期内生菌根菌剂在前5d对秧苗的影响较大，随后影响减弱。因此，需要加强施加菌剂3～7d内水稻叶片生理生化指标的研究。

（4）再生水控制灌溉下水稻光合受到严重抑制，光合速率降低了近50%，这是因为盐胁迫导致水稻体内Na^+增加，破坏了叶片光合结构（刘晓龙 等，2020）；但再生水处理的水分利用效率增加近1倍。恢复清水灌溉后水稻光合能力得到恢复，施加菌剂更有利于提高水稻光合能力；再生水灌溉下施加菌剂也有利于提高水稻光合能力，但增加幅度低于清水灌溉。

（5）施加菌剂可以调节水稻根、茎、叶内部组织结构。2018年，除J2处理外，恢复清水灌溉和施加菌剂处理根系均未形成大面积的通气组织，一定程度延缓了根系的衰老进程。恢复清水灌溉增加了根导管总面积，菌剂处理（除J2处理外）也增加了导管面积，且J5处理增幅最大；增加酵母菌施量有利于增加中柱周长和面积（J4和J5处理）；恢复清水一定程度降低了根截面周长和面积，而施加菌剂则促进了根系截面的发育；恢复清水可以降低根外层厚度，施加菌剂（J2、J3、J4处理）可以进一步减小根外层厚度。2019年，除J0、J1处理外根系未形成大量气腔，说明恢复清水不施加菌剂或单施加枯草芽孢杆菌有利于延缓根系衰老。恢复清水灌溉和施加菌剂有利于增加导管数，但降低了导管面积和周长，且恢复清水和单独施加枯草芽孢杆菌均有利于增加根截面积和周长以及根外层厚度。2018年，恢复清水灌溉有利于增加基部茎节内外径和大维管束个数，未显著降低大、小维管束面积和周长；施加菌剂除J4处理外，其他处理有利于增加内、外径，以J2和J3处理增幅较大；施加菌剂未显著降低大、小维管束面积和周长，J3、J5处理增加了维管束个数和壁厚。恢复清水有利于增加叶片主脉大、小维管束个数，增加大维管束周长和面积，同时增加主脉和气腔的面积和周长，除J3处理外，施加菌剂有利于增加气腔数量；恢复清水降低了小维管束周长和面积，但施加菌剂相比不施加菌剂则增加了小维管束周长和面积，以J2处理增幅最大。恢复清水有利于增加侧叶大维管束个数、小维管束个数和泡个数，施加菌剂有进一步的促进作用；但大、小维管束周长和面积有一定程度降低；除J4处理外，其余菌剂处理均有利于增加泡面积，以J2处理增幅最大。

5 施加微生物菌剂对土壤微环境的影响

我国水稻土壤普遍缺氮、缺磷、缺钾（孙洪仁 等，2018；2019）。寻找有效的方式增加土壤养分供应成为农业生产的关键。氮在水稻生产中是最重要的营养元素之一，通过提高氮素利用率，可以减少过量氮肥施用造成的负面环境效应（吴晶 等，2018）。钾是植物体生长发育所必需的矿质营养元素，广泛分布于植物体的各个组织和器官，占植物体干重的2%～10%（Leigh et al.，1984）。钾具有离子半径小、水化膜大、在细胞内大量积累而无毒性、高流动性等特点，是植物细胞中最重要的渗透调节物质（Walker，1996）。Zahoor et al.（2017）研究表明，施用钾肥可以显著提高棉花叶片硝酸还原酶、谷氨酰胺合成酶和谷氨酸合成酶的活性。钾肥的施用显著促进了水稻对氮的吸收与利用（侯文峰，2019）。土壤速效养分与早、中、晚稻的空白基础产量和无氮、无磷、无钾基础产量呈极显著的正相关，其中，碱解氮含量与基础产量相关性最大，其次是速效钾和有效磷含量（陈小虎 等，2018）。

水稻土壤低电位所引起的还原物质毒害，影响养分的正常吸收。水稻土的氧化还原电位（Eh）明显受土壤水分影响，高产田水稻土Eh生育期在110～600mV变动，而低产田全生育期不仅Eh都很低，而且变幅很小（刘安世，1989）。拔节期旱涝交替胁迫可以改善水稻土的氧化还原状况（甄博 等，2018），土壤Eh随稻田水分的增加而减小（Valdez，2006）。何胜德（2006）认为与淹水处理相比，根际供氧能提高稻田土壤Eh。

淡水资源短缺情况下，低矿化度足量微咸水灌溉优于淡水限量灌溉；收获后，各处理0～20cm土壤盐分呈累积趋势，20～40cm土壤呈脱盐趋势，均属于非盐化或者轻度盐化土壤，没有加重土壤的盐渍化程度（王相平 等，2014）。Smiciklas（1992）研究发现在通气良好、pH值较高的土壤条件下，土壤铵态氮通过硝化作用快速转变为硝态氮。土壤pH值能够最大程度解释土壤微生物变异规律，包括微生物类群变异［整体群落和特异功能类群（Feng et al.，2014）］、空间尺度变异［水平梯度和垂直梯度（Shen et al., 2013）］、生态系统变异［自然和干扰生态系统（Xiang et al., 2015）］等。

土壤中的各种微生物参与土壤中矿物质和有机物的迁移和转化。施宠 等（2016）研究发现土壤微生物各类群与土壤速效钾、硝态氮呈极显著正相关，真菌、放线菌与土壤有机质含量，革兰氏阳性菌（G+）、革兰氏阴性菌（G-）与pH值均呈极显著正相关。卜洪震 等（2010）认为不同水稻土壤类型间革兰氏阳性菌、革兰氏阴性菌、真菌及相互间的比值差异较大。再生水灌溉能够短期内促进园林植物的生长和根际土壤养分、酶活性以及微生物数目增加（李竞 等，2017；周陆波 等，2005）。有证据表明，氮肥配施菌剂有利于提高土壤脲酶、蔗糖酶和过氧化氢酶活性（李丽 等，2019）。另外，土壤微生物参与了非根际土壤的养分循环，包括养分生物固定和矿化分解、硝化和反硝化等过程（沈仁芳 等，2015）。

5.1　施加菌剂对水稻土壤氧化还原电位的影响

生育中后期施加菌剂水稻土壤氧化还原电位随时间的变化见图5-1。从图5-1（a）可以看出，2018年，S70～S104，J0～J5处理氧化还原电位与Z处理均无显著差异，其中S70、J3、J5处理高于Z处理和J0处理，S80，J1、J2、J4处理高于J0处理，S104，J2、J4处理高于Z处理和J0处理。S119，与Z处理相比，J1、J2、J3、J4、J5处理分别增加了27.50%、37.34%、16.58%、24.74%、37.78%，J0处理降低了7.19%，其中J3、J5处理与Z处理差异显著，J1、J2、J4、J5处理与J0处理差异显著。说明，恢复清水灌溉并施加菌剂可以一定程度上促进土壤氧化还原电位的增加，以J2处理较为明显。

从图5-1（b）可以看出，2019年，S70，与Z处理相比，J0、J1、J2、J3、J4、B2Y2处理土壤氧化还原电位分别增加了38.57%、32.76%、40.61%、31.21%、25.10%、45.17%，J5、B3Y1处理分别降低了4.26%、1.74%，其中J0、J2、B2Y2处理与Z处理差异显著，J2处理显著高于B3Y1，而J3处理与B2Y2处理差异不显著。S90，J0、J1、J2、J3、J4、J5、B3Y1、B2Y2处理土壤氧化还原电位分别增加了11.93%、18.61%、18.29%、18.61%、13.42%、14.84%、13.58%、16.41%，其中J1、J2、J3、

J5、B2Y2处理与Z处理差异显著，J2、J3处理与B3Y1、B2Y2处理差异不显著。S121，J0、J1、J2、J3、J4、J5、B3Y1、B2Y2处理土壤氧化还原电位分别增加了9.44%、12.15%、9.60%、7.04%、9.21%、8.52%、6.81%、11.30%，其中J0、J1、J2、J4、B2Y2处理与Z处理差异显著，J2、J3处理与B3Y1、B2Y2处理差异不显著。恢复清水灌溉和施加菌剂有利于提高土壤氧化还原电位，施加菌剂10d内提升幅度大于后期，且J1、J2、J3提升幅度较大；再生水灌溉时施加菌剂同样可以增加土壤氧化还原电位，除9d后B3Y1处理外。以上结果说明施加菌剂有利于提高土壤氧化还原电位。

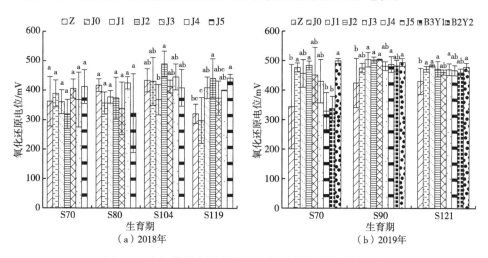

图5-1　施加菌剂水稻土壤氧化还原电位随时间的变化

5.2　施加菌剂对水稻土壤微生物的影响

5.2.1　2018年试验结果

施加菌剂后孕穗期水稻不同土层土壤微生物组成情况如表5-1所示。

0～5cm土层，J0～J5处理细菌数目均高于Z处理，其中J3处理显著增加了217.58倍，且J3处理也显著高于其他处理。J0、J2、J3、J4、J5处理放线菌数目较Z处理分别增加了93.15%、109.29%、213.63%、313.45%、267.67%，其中J3、J4、J5处理与Z处理差异显著，而J1处理则降低了4.52%，

表5-1 施加菌剂后孕穗期（S71）水稻不同土层土壤微生物组成情况

土层深度/cm	处理	细菌/(10⁶个·g⁻¹)	放线菌/(10³个·g⁻¹)	芽孢杆菌/(10³个·g⁻¹)	真菌/(10个·g⁻¹)	沙门菌/(10个·g⁻¹)	大肠菌群/(10³个·g⁻¹)	大肠杆菌/(10³个·g⁻¹)
0~5	Z	24.9b	163.6c	1 355.5bc	579.4a	13.0a	1 221.7a	3.7a
	J0	473.0b	316.0bc	1 667.9bc	257.8a	25.7a	2 218.3a	18.7a
	J1	611.6b	156.2c	4 648.5a	254.4a	47.4a	3 478.5a	24.8a
	J2	78.7b	342.4bc	3 134.2ab	182.6a	176.4a	2 496.8a	21.2a
	J3	5 442.7a	513.1ab	2 726.7abc	247.5a	36.1a	1 106.5a	78.7a
	J4	125.3b	676.4a	967.5c	666.4a	57.8a	1 599.2a	108.1a
	J5	255.1b	601.5ab	624.7c	449.0a	77.5a	2 998.0a	24.6a
5~15	Z	86.7b	165.7c	1 282.3b	769.8a	1.9a	746.2a	1.9b
	J0	599.4b	702.6ab	1 351.5b	343.7a	81.4a	985.1a	4.3b
	J1	1 696.7b	287.3bc	1 927.5b	364.4a	13.1a	2 310.4a	13.9b
	J2	119.7b	596.9ab	4 309.1a	311.2a	90.1a	1 332.8a	505.0a
	J3	4 274.2a	538.2abc	2 115.1b	507.5a	13.4a	1 164.3a	111.9a
	J4	408.0b	812.8a	797.5b	827.2a	40.5a	2 180.1a	4.3b
	J5	209.5b	713.2ab	403.3b	462.4a	16.3a	890.7a	2.2b
15~25	Z	90.7b	205.2de	1 181.3bc	566.5a	0.0b	64.9a	0.0b
	J0	422.9b	395.6cd	1 663.9bc	267.7b	232.9a	87.9a	0.0b
	J1	969.5ab	142.9e	1 546.6bc	232.7b	0.0b	384.7a	3.8ab
	J2	272.2b	624.1bc	1 819.6b	178.7b	9.3b	340.0a	0.0b
	J3	2 589.5a	701.1b	3 214.9a	278.1b	0.0b	314.0a	0.0b
	J4	203.1b	1 012.4a	1 215.4bc	349.4ab	1.7b	299.9a	7.7a
	J5	1 135.2ab	632.2bc	575.8c	249.4b	5.9b	597.9a	7.8a

注：限于页面尺寸，数据的标准差未列出，下同。

但差异不显著。J0、J1、J2、J3处理芽孢杆菌数目分别增加了23.05%、242.93%、131.22%、101.16%，J1处理与Z处理差异显著，J4、J5处理分别降低了28.62%、53.91%，差异不显著，但显著低于J1处理。J4处理真菌数目较Z处理增加了15.01%，而其他处理均低于Z处理，但差异均不显著。

J0～J5处理沙门菌数目均高于Z处理，但差异不显著。除J3处理外，其余处理大肠菌群数目均高于Z处理，同时J0～J5处理大肠杆菌数目也高于Z处理，但差异均不显著。

5～15cm土层，与Z处理相比，J0～J5细菌数目增加了0.38～48.30倍，其中J3处理与其他处理差异显著。J0、J1、J2、J3、J4、J5处理放线菌数目较Z处理分别增加了324.01%、73.38%、260.22%、224.80%、390.53%、330.41%，J0、J2、J4、J5处理与Z处理差异显著。与Z处理相比，J0、J1、J2、J3处理芽孢杆菌分别增加了5.40%、50.32%、236.04%、64.95%，J4、J5处理则降低了37.81%、68.55%，J2处理与Z处理和其他处理差异显著。除J4处理外，其余处理真菌数目均低于Z处理，但差异不显著。J0～J5处理沙门菌、大肠菌群、大肠杆菌数目均高于Z处理，J2处理大肠杆菌数目较Z处理显著增加了264.79倍。

15～25cm土层，J0～J5处理细菌数目增加了1.24～27.55倍，其中J3处理显著高于Z处理和J2、J4处理。与Z处理相比，J0、J2、J3、J4、J5处理放线菌数目分别增加了92.79%、204.14%、241.67%、393.37%、208.09%，J1处理降低了30.36%，其中J3、J4、J5处理与Z处理差异显著，且J1～J5处理呈先增加后降低的趋势。与Z处理相比，J0～J4处理芽孢杆菌数目分别增加了40.85%、30.92%、54.03%、172.15%、2.89%，J5处理则降低了51.26%；J1～J5处理芽孢杆菌数目呈先增加后降低趋势。J0～J5处理真菌数目分别降低了52.75%、58.92%、68.46%、50.91%、38.32%、55.98%，除J4处理外，其余处理与Z处理差异显著。Z、J1、J3处理沙门菌未检出，J0处理沙门菌数目显著高于J2、J4、J5处理。J0～J5处理大肠菌群数目分别增加了35.44%、492.76%、423.88%、383.82%、362.10%、821.13%，但差异均不显著。J4、J5处理大肠杆菌数目显著高于J1处理。综上可知，恢复清水灌溉并施加菌剂可以增加不同土层土壤细菌数目，增加放线菌、大肠菌群、大肠杆菌数目，降低真菌数目（除0～5cm、5～15cm土层J4处理外）。单独施加枯草芽孢杆菌可以增加0～25cm土壤中的芽孢杆菌数目，单独施加酵母菌并不会增加土壤中的真菌数目。

施加菌剂后收获期水稻不同土层土壤微生物组成情况如表5-2所示。

0～5cm土层，与Z处理相比，J2处理细菌数目显著增加了247.22%，其余处理均低于Z处理，但差异不显著。J1处理放线菌数目显著增加了130.40%，J2~J5处理则降低了0.83%~56.01%，但与Z处理差异不显著，而J1显著高于其他处理。J0~J2处理芽孢杆菌数目分别增加了18.79%、39.71%、18.54%，而J3~J5处理则分别降低了23.31%、60.44%、33.36%，其中J4处理显著低于J0、J1、J2处理。J0、J2处理真菌数目低于Z处理，但差异不显著，而J1、J3、J4、J5处理则分别增加了9.53%、73.44%、23.13%、16.37%，其中J2处理显著低于J3处理。J4处理沙门菌数目较Z处理降低了6.16%，其余处理均高于Z处理，但处理间差异均不显著。J0~J5处理大肠菌群数目分别显著降低了75.31%、75.46%、59.77%、86.38%、97.59%、61.72%。除J4处理外，其余处理大肠杆菌数目均高于Z处理，但处理间差异不显著。

表5-2　施加菌剂后收获期（S127）水稻不同土层土壤微生物组成情况

土层深度/cm	处理	细菌/(10⁶个·g⁻¹)	放线菌/(10³个·g⁻¹)	芽孢杆菌/(10³个·g⁻¹)	真菌/(10个·g⁻¹)	沙门菌/(10个·g⁻¹)	大肠菌群/(10³个·g⁻¹)	大肠杆菌/(10³个·g⁻¹)
0~5	Z	404.7b	204.6b	1 192.0ab	358.0ab	68.2a	1 728.7a	6.0ab
	J0	267.9b	104.8bc	1 416.00a	296.6ab	75.6a	426.8b	6.2ab
	J1	295.9b	471.4a	1 665.4a	392.1ab	299.1a	424.2b	12.6ab
	J2	1 405.2a	202.9b	1 413.0a	142.3b	212.8a	695.5b	12.7ab
	J3	174.5b	20.0c	914.1ab	620.9a	128.3a	235.5b	10.0ab
	J4	248.3b	111.6bc	471.6b	440.8ab	64.0a	41.7b	0.0b
	J5	216.7b	89.9bc	794.3ab	416.6ab	167.4a	661.8b	29.8a
5~15	Z	466.6b	451.7ab	1 483.8a	318.1bc	10.3a	1 372.2ab	8.6a
	J0	195.6b	176.1cd	1 366.2a	435.1abc	2.0a	1 747.4a	3.8a
	J1	919.9ab	537.8a	1 047.0ab	227.7bc	1.9a	640.6bc	9.3a
	J2	1 425.3a	303.3bc	1 002.6ab	220.5c	278.5a	701.6bc	11.5a
	J3	740.0ab	78.3d	1 013.2ab	420.9abc	0.0a	152.2c	11.8a
	J4	342.1b	175.2cd	497.2c	586.6a	12.1a	275.3c	9.2a
	J5	28.5b	59.2d	573.4bc	455.5ab	116.5a	226.9c	0.0a

（续表）

土层深度/cm	处理	细菌/(10^6个·g^{-1})	放线菌/(10^3个·g^{-1})	芽孢杆菌/(10^3个·g^{-1})	真菌/(10个·g^{-1})	沙门菌/(10个·g^{-1})	大肠菌群/(10^3个·g^{-1})	大肠杆菌/(10^3个·g^{-1})
	Z	986.2b	494.6ab	1 456.0a	217.3cd	0.0a	764.8a	4.0a
	J0	228.7b	181.8bc	1 134.6ab	310.2bcd	0.0a	867.1a	4.3a
	J1	802.6b	660.9a	793.6b	157.9d	0.0a	1 129.1a	46.3a
15~25	J2	2 613.0a	227.2bc	822.3b	142.6d	2.1a	367.0a	2.1a
	J3	649.7b	90.3c	947.3ab	592.4a	0.0a	52.1a	0.0a
	J4	714.3b	403.5abc	759.5b	385.1bc	5.6a	233.3a	5.9a
	J5	671.7b	49.9c	756.4b	473.7ab	37.5a	198.9a	15.7a

　　5~15cm土层，J0、J4、J5处理细菌数目均低于Z处理，但差异不显著，J1、J2、J3处理细菌数目分别增加了97.15%、505.47%、58.59%，其中J2处理显著高于Z、J0、J4、J5处理。J1处理放线菌数目增加了19.06%，J0、J2、J3、J4、J5处理则分别降低了61.01%、32.85%、82.67%、61.21%、86.89%，其中J0、J3、J4、J5处理与Z处理差异显著。J0~J5处理芽孢杆菌数目分别降低了7.93%、29.44%、32.43%、31.72%、66.49%、61.36%，其中J4、J5处理显著低于Z、J0处理。与Z处理相比，J1、J2处理真菌数目分别降低了28.42%、30.68%，但差异不显著，J0、J3、J4、J5处理则分别增加了36.78%、32.32%、84.41%、43.19%，其中J4、J5处理显著高于Z、J1、J2处理，J1~J5处理呈先增加后降低的趋势。各处理沙门菌数目无显著差异。与Z处理相比，J0处理大肠菌群数目增加了23.37%，J1~J5处理分别降低了53.32%、48.87%、88.91%、79.94%、83.46%，其中J3、J4、J5处理显著低于Z处理；J0、J5处理大肠杆菌数目低于Z处理，而其他处理则高于Z处理，但差异不显著，J1~J5处理呈先增加后降低的趋势。恢复清水灌溉并施加菌剂降低了收获期土壤中的芽孢杆菌、大肠菌群数目，对沙门菌、大肠杆菌的影响则不明显。

　　15~25cm土层，与Z处理相比，J2处理显著增加了164.96%，其余处理则低于Z处理。J0、J2、J3、J4、J5处理放线菌数目分别降低了63.24%、54.06%、81.74%、18.42%、89.91%，J1处理增加了33.62%，其中J3、

J5处理与Z处理差异显著。J0～J5芽孢杆菌数目分别显著降低了22.07%、45.49%、43.52%、34.94%、47.84%、48.05%，J1～J5呈先增加后减少的趋势。与Z处理相比，J1、J2处理真菌数目分别降低了27.34%、34.38%，但差异不显著，J0、J3、J4、J5处理分别增加了42.57%、172.62%、77.22%、117.99%，其中J3、J5处理与Z处理差异显著。各处理沙门菌与Z处理差异不显著。J0、J1处理大肠菌群高于Z处理，其余处理低于Z处理，但处理间差异均不显著。J0、J1、J4、J5处理大肠杆菌高于Z处理，其余处理则低于Z处理。施加菌剂降低了细菌、放线菌和芽孢杆菌数目。

5.2.2　2019年试验结果

施加菌剂后孕穗期水稻不同土层土壤微生物组成情况如表5-3所示。

表5-3　施加菌剂后孕穗期（S71）水稻不同土层土壤微生物组成情况

土层深度/cm	处理	细菌/（10^6个·g^{-1}）	放线菌/（10^3个·g^{-1}）	芽孢杆菌/（10^3个·g^{-1}）	沙门菌/（10个·g^{-1}）	真菌/（10个·g^{-1}）	大肠菌群/（10^3个·g^{-1}）	大肠杆菌/（10^3个·g^{-1}）
0～5	Z	369.7a	53.3ab	284.3b	71.0a	53.0b	368.7a	10.3a
	J0	103.3ab	88.0ab	193.3b	4.3a	245.0b	264.7a	—
	J1	245.3ab	50.3ab	257.7b	114.7a	106.3b	245.3a	22.3a
	J2	187.3ab	31.0b	1 213.3a	88.7a	629.3a	249.3a	75.0a
	J3	196.0ab	158.0a	487.0b	40.7a	35.7b	430.7a	109.3a
	J4	181.7ab	49.3ab	577.7b	108.3a	578.3a	510.0a	69.0a
	J5	26.7b	56.3ab	258.7b	108.3a	311.7ab	277.3a	55.3a
	B3Y1	80.7ab	96.3ab	1 117.7a	167.3a	204.0b	332.0a	148.0a
	B2Y2	66.3ab	66.3ab	1 084.7a	33.3a	318.7ab	337.0a	31.3a
5～15	Z	54.7a	60.3ab	230.7bc	36.0a	53.0bc	112.7a	—
	J0	59.3a	56.0ab	248.3bc	3.7a	373.3a	351.0a	—
	J1	88.0a	73.7ab	434.7abc	194.7a	68.0bc	73.3a	7.0a
	J2	104.7a	76.7ab	383.7bc	4.7a	187.7abc	167.3a	63.7a
	J3	46.7a	92.7ab	391.7bc	7.0a	37.0c	341.0a	62.7a
	J4	142.0a	41.3b	452.0abc	350.3a	372.3a	412.3a	26.7a

（续表）

土层深度/cm	处理	细菌/（10⁶个·g⁻¹）	放线菌/（10³个·g⁻¹）	芽孢杆菌/（10³个·g⁻¹）	沙门菌/（10个·g⁻¹）	真菌/（10个·g⁻¹）	大肠菌群/（10³个·g⁻¹）	大肠杆菌/（10³个·g⁻¹）
5~15	J5	46.3a	41.3b	179.7c	7.3a	326.7ab	191.7a	2.0a
	B3Y1	84.0a	147.0a	946.0a	122.3a	271.7abc	150.0a	15.0a
	B2Y2	100.7a	100.7ab	741.0ab	304.7a	120.7abc	431.3a	64.3a
15~25	Z	114.3a	136.3ab	306.0ab	35.0ab	136.7b	38.7b	—
	J0	80.3a	80.3abc	235.0b	8.3b	165.7a	444.7a	—
	J1	122.3a	39.3bc	103.0b	18.0b	68.7b	120.3ab	48.3ab
	J2	229.3a	123.7abc	376.3ab	12.7b	85.7b	180.7ab	87.3ab
	J3	111.0a	149.3a	324.0ab	173.0a	106.0b	397.0a	120.0a
	J4	77.0a	36.0c	559.7a	15.3b	530.0a	348.3ab	4.0b
	J5	205.0a	48.3bc	157.3b	8.3b	292.3ab	159.3ab	4.0b
	B3Y1	169.7a	85.0abc	359.3ab	141.0ab	180.0b	103.0ab	13.7b
	B2Y2	109.7a	109.7abc	594.7a	9.3b	146.3b	153.7ab	6.7b

0~5cm，与Z处理相比，其他处理细菌数目降低了33.63%~92.79%，其中，J5处理与Z处理差异显著。与Z处理相比，除J1、J2、J4处理外，其他处理均增加了放线菌数目，其中J3处理显著高于J2处理。J0、J1、J5处理芽孢杆菌数目分别降低了32.00%、9.38%、9.03%，但差异不显著，其他处理均增加了芽孢杆菌，其中J2、B3Y1、B2Y2处理显著高于其他处理。除J3外，其他处理均增加了土壤真菌数目，其中J2、J4处理与Z、J0、J1、J3处理显著。各处理大肠菌群、大肠杆菌数目无显著差异。

5~15cm，各处理细菌、沙门菌、大肠菌群、大肠杆菌数目无显著差异。与Z处理相比，J0、J4、J5处理降低了放线菌数目，其他处理均增加了放线菌，但差异不显著，其中B3Y1处理放线菌数目显著高于J4、J5处理。J5处理降低了芽孢杆菌数目，但与Z处理差异不显著，显著低于B3Y1、B2Y2处理，B3Y1处理芽孢杆菌较Z处理显著增加了310.12%。除J3处理外，其他处理均增加了真菌数目，J3处理显著低于J0、J4、J5处理，J0、J4处理较Z处理分别显著增加了604.40%、602.52%。

15~25cm，与Z处理相比，J0、J3、J4处理降低了细菌数目，其他处理呈增加趋势，但处理间差异均不显著。J3处理放线菌数目显著高于J1、J5处理，J4处理放线菌数目较Z处理显著降低了73.59%。Z处理与其他处理芽孢杆菌、沙门菌数目无显著差异，其中J4、B2Y2芽孢杆菌处理显著高于J0、J1、J5处理，J3处理沙门菌数目显著高于J0、J1、J2、J4、J5、B2Y2处理。J4处理真菌数目较Z处理显著增加了287.80%，且显著高于J5外的其他处理。J0、J3处理大肠菌群数目较Z处理显著增加了1 050.00%、926.72%，其他处理间无显著差异。J2、J3处理较Z、J0处理显著增加了大肠杆菌数目，J3处理还显著高于J4、J5、B3Y1、B2Y2处理。

施加菌剂后收获期水稻不同土层土壤微生物组成情况如表5-4所示。

表5-4　施加菌剂后收获期（S129）水稻不同土层土壤微生物组成情况

土层深度/cm	处理	细菌/（10^6个·g^{-1}）	放线菌/（10^3个·g^{-1}）	芽孢杆菌/（10^3个·g^{-1}）	真菌/（10个·g^{-1}）	沙门菌/（10个·g^{-1}）	大肠菌群/（10^3个·g^{-1}）	大肠杆菌/（10^3个·g^{-1}）
0~5	Z	25.7a	5.3c	255.0b	22.0a	899.0a	649.3a	0.0a
	J0	173.7a	64.7ab	301.0b	6.0a	71.7b	1 352.3a	0.0a
	J1	142.7a	5.0c	1 243.7ab	63.3a	128.7b	1 828.3a	4.7a
	J2	350.0a	11.7c	2 030.3ab	355.3a	55.0b	1 065.0a	4.3a
	J3	158.3a	61.7ab	3 022.0a	26.7a	78.7b	2 020.3a	374.3a
	J4	42.3a	87.7a	722.3b	128.3a	97.7b	690.7a	4.7a
	J5	19.0a	3.7c	125.3b	160.0a	18.7b	1 130.3a	35.0a
	B3Y1	216.7a	90.3a	1 493.0ab	80.3a	65.0b	1 877.3a	250.7a
	B2Y2	34.7a	29.3bc	1 177.7ab	35.0a	43.3b	1 234.7a	3.3a
5~15	Z	45.3a	6.3c	490.7ab	8.3a	226.0a	148.7b	3.0a
	J0	78.7a	90.7ab	205.3b	22.7a	80.0b	8.3b	0.0a
	J1	41.0a	8.0c	822.3ab	108.7a	37.0b	1 635.3ab	0.0a
	J2	475.0a	14.3c	1 899.7a	62.3a	50.0b	1 148.3ab	6.7a
	J3	199.3a	46.0abc	2 104.3a	27.3a	61.3b	442.3ab	0.0a
	J4	22.0a	94.7a	724.0ab	223.7a	188.3a	117.0b	20.0a
	J5	106.3a	34.0abc	148.0b	95.0a	26.0b	1 502.0ab	1.3a
	B3Y1	321.3a	69.0abc	1 407.7ab	113.0a	70.0b	2 661.0a	96.7a
	B2Y2	382.7a	23.0bc	435.0ab	42.7a	28.7b	890.3ab	0.3a

（续表）

土层深度/cm	处理	细菌/（10^6个·g^{-1}）	放线菌/（10^3个·g^{-1}）	芽孢杆菌/（10^3个·g^{-1}）	真菌/（10个·g^{-1}）	沙门菌/（10个·g^{-1}）	大肠菌群/（10^3个·g^{-1}）	大肠杆菌/（10^3个·g^{-1}）
	Z	150.3a	29.0b	402.7a	2.3a	54.7a	127.3c	9.3a
	J0	149.0a	33.3b	320.7a	25.7a	68.3a	167.0c	0.3a
	J1	92.3a	17.0b	1 148.3a	2.7a	81.7a	85.7c	0.0a
	J2	332.7a	21.3b	1 582.7a	276.0a	48.0a	68.0c	4.7a
15 ~ 25	J3	12.3a	6.3b	663.3a	5.7a	59.0a	340.0bc	0.0a
	J4	110.7a	144.3a	489.7a	2.3a	68.7a	271.7bc	2.0a
	J5	74.7a	22.7b	112.7a	42.3a	22.3a	1 089.3b	1.7a
	B3Y1	301.0a	58.3ab	1 065.3a	45.0a	116.3a	2 583.0a	162.0a
	B2Y2	137.3a	55.0ab	297.7a	7.0a	52.7a	747.3bc	2.0a

0 ~ 5cm，各处理细菌、真菌、大肠菌群、大肠杆菌数目无显著差异。除J1、J5处理外，其他处理均增加了放线菌数目，其中J0、J3、J4、B3Y1处理较Z处理显著增加了10倍以上，且J3处理显著高于Z、J1、J2、J5处理。除J5外，其他处理芽孢杆菌数目均高于Z处理，其中J3处理与Z、J0、J4、J5处理差异显著。与Z处理相比，其他处理沙门菌数目显著降低了85.69% ~ 97.92%。

5 ~ 15cm，各处理细菌、真菌、大肠杆菌数目无显著差异，与Z处理相比，其他处理均降低了沙门菌数目。与Z处理相比，J0、J4处理显著增加了放线菌数目，且J4处理显著高于J1、J2、B2Y2处理，J0处理显著高于J1、J2处理。Z处理与其他处理芽孢杆菌数目无显著差异，但J2、J3处理显著高于J0、J5处理。B3Y1处理大肠菌群数目显著高于Z、J0、J4处理。

15 ~ 25cm，各处理细菌、芽孢杆菌、真菌、沙门菌、大肠杆菌数目无显著差异。J4处理放线菌数目显著高于Z、J0、J1、J2、J3、J5处理。与Z处理相比，J5、B3Y1处理显著增加了大肠菌群数目，且B3Y1处理显著高于其他处理，J5处理与J0、J1、J2处理差异显著。

5.3 施加菌剂对土壤硝态氮（NO₃⁻-N）和铵态氮（NH₄⁺-N）的影响

2018年施加菌剂后不同土层土壤硝态氮和铵态氮随时间的变化如图5-2所示。

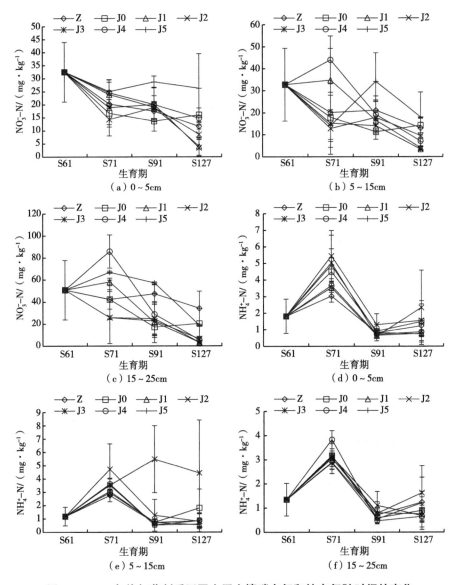

图5-2　2018年施加菌剂后不同土层土壤硝态氮和铵态氮随时间的变化

从图5-2（a）可以看出，S71（施加菌剂10d后），与Z处理相比，J0、J2、J3处理0～5cm土层土壤NO_3^--N量分别降低了17.61%、6.91%、29.46%，J1、J4、J5处理则分别增加了117.76%、20.94%、23.60%，但差异不显著，而J4、J5处理显著高于J3处理；S91，J0处理土壤NO_3^--N量低于Z处理，而J1、J2、J3、J4、J5处理分别增加了8.97%、14.69%、7.96%、14.78%、64.11%，其中J5处理显著高于Z处理和其他处理；S127，与Z处理相比，J0处理土壤NO_3^--N量增加了38.45%，J1、J2、J3处理分别增加了65.14%、70.07%、26.03%，但差异不显著，J4、J5处理分别增加了27.18%、126.18%，J5处理与Z处理以及其他处理差异显著。

从图5-2（b）可以看出，5～15cm土层，S71，与Z处理相比，J0、J2、J3、J5处理土壤NO_3^--N含量分别降低了10.94%、24.43%、36.28%、29.66%，但差异不显著，J1、J4处理分别增加了72.50%、118.04%，J4处理与Z处理差异显著，且显著高于J0、J2、J3、J5处理；S91，与Z处理相比，J0～J4处理降低了9.19%～46.48%，J5处理增加了61.56%，但差异不显著，但J5处理显著高于J0～J4处理；S127，J1～J4处理仍低于Z处理，而J0、J5处理则分别增加了9.78%、39.10%，但差异不显著，J5处理显著高于J1、J2、J4处理。

由图5-2（c）可知，S71，与Z处理相比，J0、J2、J3处理15～25cm土层土壤NO_3^--N量分别降低了0.07%、38.83%、38.97%，但差异不显著，J1、J4、J5处理分别增加了37.20%、102.43%、57.85%，J4与Z处理差异显著；S91，J0～J4处理土壤NO_3^--N量低于Z处理，J5处理高于Z处理，但差异不显著，而J5处理显著高于J0、J1、J2、J3处理；S127，与Z处理相比，J0～J5处理分别降低了40.11%、90.12%、90.22%、81.07%、80.80%、45.05%，其中J1～J5处理与Z处理差异显著。

由图5-2（d）可知，S71，各处理0～5cm土层土壤NH_4^+-N量较S61均有所增加，且与Z处理相比，J0～J5处理增加了16.88%～80.27%，J2、J3与Z处理差异显著；S91，J0、J2、J5处理土壤NH_4^+-N量较Z处理显著增加了11.91%、59.39%、0.93%，J1、J3、J4处理分别降低了18.94%、25.83%、12.34%，但差异不显著，J2处理显著高于J1和J3处理；S127，与Z处理相比，J0、J2、J3处理分别增加了20.27%、25.34%、88.33%，其余处理则低于Z处理，但处理间差异不显著。

由图5-2（e）可知，S71，各处理5～15cm土层土壤NH$_4^+$-N量较S61均有所增加，且与Z处理相比，J0～J5处理增加了7.04%～70.92%，J2处理显著高于Z处理和J0、J1处理；S91，J3处理土壤NH$_4^+$-N量较S71大幅增加，较Z处理显著增加了6.50倍，其余处理则呈降低趋势；S127，与Z处理相比，J3处理仍显著高于Z处理，J0、J4处理较Z处理分别增加了113.45%、1.33%，但差异不显著，其余处理仍低于Z处理。

由图5-2（f）可知，S71，各处理15～25cm土层土壤NH$_4^+$-N量较S61均增加，且与Z处理相比，J0～J4处理增加了5.67%～9.49%，J5处理则降低了0.74%，其中J4处理与Z处理和J3、J5处理差异显著；S91，J0、J4、J5处理较Z处理分别降低了17.35%、34.40%、23.08%，其中J2处理显著高于J4处理；S127，与Z处理相比，J3处理增加了31.12%，其余处理则低于Z处理，但差异均不显著。

2019年施加菌剂后不同土层土壤NO$_3^-$-N和NH$_4^+$-N质量分数如图5-3所示。

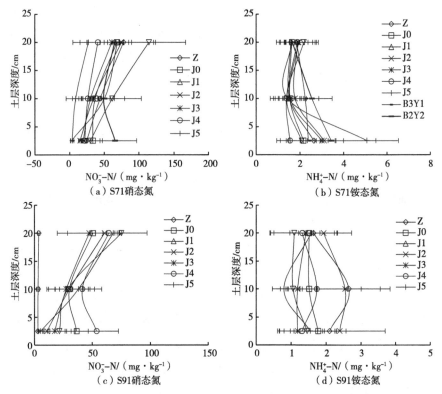

图5-3　2019年施加菌剂后不同土层土壤硝态氮和铵态氮质量分数

从图5-3可以看出，S71，0～5cm，J0、J1、J4、B3Y1处理NH_4^+-N量较Z处理分别降低了17.87%、20.91%、41.06%、9.51%，J2、J3、J5、B2Y2处理NH_4^+-N分别增加了17.87%、14.07%、92.40%、30.42%，J5处理与Z处理差异显著，J5处理高于其他处理；J0、J1、B2Y2处理NO_3^--N分别增加了34.14%、20.97%、161.19%，B2Y2处理与Z处理差异显著，J2、J3、J4、J5、B3Y1处理分别降低了39.29%、19.93%、11.87%、85.89%、89.98%，但与Z差异不显著，J0、J1高于J2～J5和B3Y1处理。5～15cm，J0、J2、J3、B3Y1、B2Y2处理NH_4^+-N量分别增加了1.32%、17.11%、3.29%、47.37%、67.11%，J1、J4、J5处理分别降低了7.89%、8.55%、5.26%，但处理间差异均不显著；J0、J2、J3、J4、J5处理NO_3^--N量分别降低了16.14%、21.01%、31.03%、40.10%、80.24%，J1、B3Y1、B2Y2处理分别增加了39.19%、13.85%、11.13%，但与Z处理差异均不显著，J1、B3Y1、B2Y2处理显著高于J5处理。15～25cm，施加菌剂处理NH_4^+-N量增加了2.52%～37.11%，但差异均不显著；15～25cm，J1处理NO_3^--N量增加了47.61%，J0、J2、J3、J4、J5、B3Y1、B2Y2处理分别降低了12.12%、3.72%、21.51%、47.15%、64.70%、11.16%、16.37%，但差异不显著，J1处理显著高于J3～J5处理。

S91，0～5cm，J2处理NH_4^+-N量增加了13.81%，J0、J1、J3、J4、J5处理分别降低了15.71%、30.48%、43.81%、37.62%、26.19%，处理间差异均不显著；J0～J5处理NO_3^--N量均高于Z处理，J0处理显著增加了11.49倍，J4处理增加了17.40倍，J5处理显著低于J0、J4处理。5～15cm，J0～J5处理NH_4^+-N量分别降低了43.02%、60.38%、4.15%、55.47%、34.72%、70.19%，其中J1、J5处理与Z处理差异显著；J0、J1、J2、J3、J4、J5处理NO_3^--N量分别显著增加了8.80倍、8.33倍、8.80倍、7.88倍、12.49倍、11.37倍；15～25cm，除J2处理外，其余处理NH_4^+-N量均低于Z处理，处理间差异均不显著；J0、J1、J2、J3、J4、J5处理NO_3^--N量分别显著增加了12.83倍、19.46倍、15.55倍、11.96倍、16.56倍、17.54倍。

5.4　施加菌剂对土壤钠离子（Na⁺）和钾离子（K⁺）的影响

2018年施加菌剂后不同土层土壤Na⁺、K⁺质量分数如图5-4所示。从图

5-4（a）可知，S71，0~5cm，J0~J5处理Na^+质量分数分别降低了19.75%、21.25%、24.25%、17.50%、32.25%、29.25%，J4、J5处理与Z处理差异显著；5~15cm，J0~J5处理Na^+质量分数分别降低了4.80%、6.93%、11.20%、9.87%、6.13%、24.53%，J5处理与Z、J0、J1、J4处理差异显著；15~25cm，J0~J5处理Na^+质量分数分别降低了9.18%、13.65%、22.08%、6.70%、4.71%、18.36%，处理间差异均不显著。S91，0~5cm，J0、J1、J2、J4、J5处理Na^+质量分数分别降低了9.47%、22.84%、8.64%、1.11%、9.47%，J3处理增加了1.67%，各处理与Z处理差异不显著，但J3处理显著高于J1处理；5~15cm，J0~J5处理Na^+质量分数分别降低了4.53%、−5.74%、11.78%、17.22%、0%、11.48%，各处理与Z处理差异不显著，但J3处理显著低于J1处理；15~25cm，J0~J5处理Na^+质量分数分别降低了5.77%、8.14%、23.62%、16.80%、8.92%、39.63%，J5处理与Z处理差异显著，且显著低于J0、J1、J3、J4处理。S127，0~5cm，J0~J5处理Na^+质量分数分别显著降低了38.99%、48.32%、63.46%、42.35%、49.69%、40.98%；5~15cm，J0~J5处理Na^+质量分数分别显著降低了48.10%、56.82%、54.36%、33.78%、36.47%、43.40%；15~25cm，J0~J5处理Na^+质量分数分别降低了21.06%、57.87%、53.70%、26.57%、32.64%、44.40%，J1~J5处理与Z处理差异显著，J1、J2处理显著低于J0处理。

由图5-4（b）可知，S71，0~5cm，J0~J5处理K^+质量分数分别降低了35.44%、27.67%、13.74%、38.52%、12.66%、14.47%，处理间差异均不显著；5~15cm，J0处理K^+质量分数增加了1.94%，J1~J5处理降低了10.28%~25.83%，处理间差异均不显著；15~25cm，J0、J4处理K^+质量分数分别增加了4.89%、3.98%，其余处理均低于Z处理，处理间差异也不显著。S91，0~5cm，J0~J5处理K^+质量分数分别增加了33.00%、49.50%、11.22%、91.42%、78.22%、0%，J3处理与Z处理、J5处理差异显著；5~15cm，J3处理K^+质量分数降低了12.55%，其余处理则高于Z处理，但处理间差异均不显著；15~25cm，J0~J5处理K^+质量分数分别降低了17.78%、21.56%、37.11%、38.44%、28.89%、58.44%，其中J5处理与Z处理差异显著。S127，0~5cm，J0、J1、J2处理K^+质量分数分别增加了16.60%、8.60%、5.40%，J3、J4、J5处理分别降低了16.60%、22.00%、

14.60%，但处理间差异不显著；5~15cm，J0~J5处理K$^+$质量分数分别降低了35.85%、36.42%、49.62%、56.04%、23.96%、47.17%，其中J3处理与Z处理差异显著；15~25cm，J0~J5处理K$^+$质量分数分别降低了6.32%、37.47%、31.38%、28.10%、30.44%、52.46%，除J0处理外，其余处理与Z处理差异显著，J1、J2、J4、J5处理显著低于J0处理。

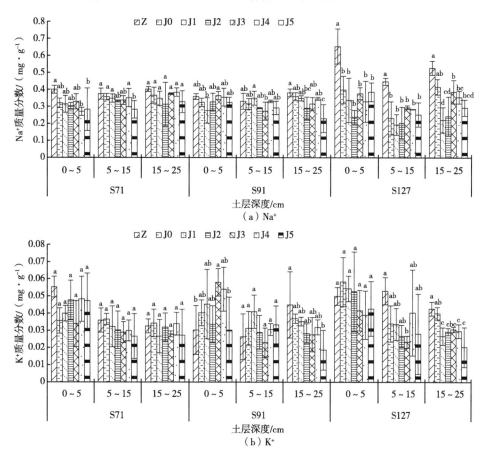

图5-4 2018年施加菌剂后不同土层土壤Na$^+$、K$^+$质量分数

2019年施加菌剂后不同土层土壤Na$^+$、K$^+$质量分数如图5-5所示。由图5-5（a）可知，S71，0~5cm，与Z处理相比，J2处理显著降低了37.43%，J2处理还显著低于J3、J4、B3Y1、B2Y2处理，其他处理间差异不显著；5~15cm，Z处理与其他处理无显著差异，除J0处理外，其余处理Na$^+$质量分数均增加；J4、J5、B3Y1处理Na$^+$质量分数显著高于J0、J2处理；

15～25cm，Z处理与其他处理Na⁺质量分数无显著差异，除J0、J2处理外，其余处理Na⁺质量分数均增加；J3处理显著高于J0、J2处理，J5、B2Y2处理显著高于J0处理。S91，0～5cm，与Z处理相比，其他处理Na⁺质量分数降低了19.85%～38.24%，其中，J1、J2、J5处理与Z处理差异显著；5～15cm，与Z处理相比，其他处理Na⁺质量分数降低了4.35%～30.43%，其中J0、J4与Z处理差异显著；15～25cm，与Z处理相比，Na⁺质量分数降低了7.26%～19.35%，J1、J4处理Na⁺质量分数显著低于Z处理。S129，0～5cm，

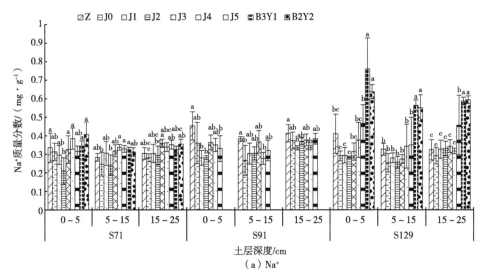

（a）Na⁺

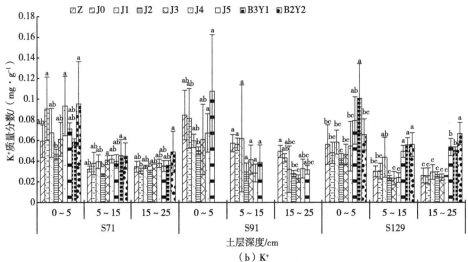

（b）K⁺

图5-5　2019年施加菌剂后不同土层土壤Na⁺、K⁺质量分数

J0～J4处理降低了Na$^+$质量分数，但与Z处理差异不显著，B2Y2、B3Y1处理显著高于其他处理，J5处理显著高于J0、J1、J2处理；5～15cm，B3Y1、B2Y2处理Na$^+$质量分数显著高于其他处理，Z处理与J0～J5无明显差异；15～25cm，J5、B3Y1、B2Y2处理Na$^+$质量分数较Z处理显著增加了41.24%、81.44%、83.51%，并且B2Y2、B3Y1处理显著高于J5处理，其他处理间无显著差异。

由图5-5（b）可知，S71，0～5cm，Z处理与其他处理K$^+$质量分数无显著差异，除J2、B3Y1外，其余处理均高于Z处理，J2处理显著低于J0、J4、B2Y2处理；5～15cm，Z处理与其他处理K$^+$质量分数无显著差异，除J2处理外，其余处理均增加了K$^+$质量分数；B3Y1、B2Y2处理K$^+$质量分数显著高于J2处理；15～25cm，Z处理与其他处理K$^+$质量分数无显著差异，B2Y2处理K$^+$质量分数显著高于J0、J2处理。S91，0～5cm，Z处理与其他处理K$^+$质量分数无显著差异，J5处理显著高于J2处理；5～15cm，各处理K$^+$质量分数无显著差异，其中除J1增加了K$^+$质量分数外，其余处理均降低了K$^+$质量分数；15～25cm，与Z处理相比，其他处理K$^+$质量分数降低了12.84%～43.38%，其中，J2处理K$^+$质量分数显著低于Z处理，J3处理K$^+$质量分数显著低于Z和J0处理。S129，0～5cm，与Z处理相比，B3Y1处理K$^+$质量分数显著增加了79.76%，B3Y1处理还显著高于J0～J4处理和B2Y2处理；5～15cm，与Z处理相比，J2～J4处理降低了K$^+$质量分数，但差异不显著；J5、B3Y1、B2Y2处理分别显著增加了64.44%、85.56%、86.67%，并且J5、B3Y1、B2Y2处理与J0处理差异也显著；15～25cm，J5、B3Y1、B2Y2处理K$^+$质量分数较Z处理显著增加了106.41%、93.59%、156.41%，并且B2Y2处理显著高于J5、B3Y1处理，其他处理间无显著差异。

5.5 施加菌剂对土壤电导率和pH值的影响

2018年施加菌剂后不同土层土壤电导率（EC）和pH值如图5-6所示。从图5-6（a）可知，S71，与Z处理相比，0～5cm，J0～J5处理土壤EC分别降低了31.48%、29.17%、36.01%、15.31%、23.35%、29.08%，但处理间差异不显著；5～15cm，J0、J1、J4处理土壤EC分别增加了0.14%、4.46%、

13.86%，J2、J3、J5处理分别降低了15.00%、1.71%、33.84%，各处理与Z处理差异均不显著，J4处理显著高于J5处理；15～25cm，J0、J1、J2、J3、J5处理土壤EC分别降低了15.27%、7.22%、23.57%、3.81%、8.16%，J4处理增加了6.43%，处理间差异均不显著。S91，与Z处理相比，0～5cm，J0、J1、J2处理土壤EC分别降低了16.13%、25.68%、14.63%，J3、J4、J5处理分别增加了17.98%、33.23%、28.07%，各处理与Z处理差异不显著，J4、J5显著高于J0、J1、J2处理，J3处理显著高于J2处理；5～15cm，除J1、J4处理外其余处理土壤EC均低于Z处理，但处理间差异不显著；15～25cm，J0～J5处理土壤EC分别降低了19.30%、21.41%、36.21%、33.21%、8.51%、34.10%，J2、J3、J5处理显著低于Z处理，但J4处理显著

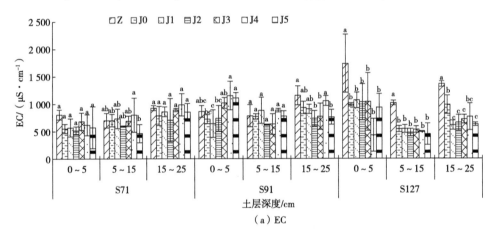

（a）EC

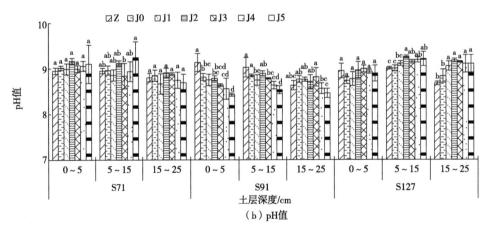

（b）pH值

图5-6　2018年施加菌剂后不同土层土壤EC、pH值

高于J2、J3、J5处理。S127，与Z处理相比，0～5cm，J0～J5处理土壤EC分别显著降低了43.18%、38.48%、40.34%、40.09%、75.21%、46.27%，J0～J5处理间差异不显著；5～15cm，J0～J5处理显著降低了46.38%～55.61%；15～25cm，J0～J5处理土壤EC分别显著降低了27.75%、55.03%、51.66%、47.04%、43.75%、53.93%，其中J1～J5均低于J0处理，J1、J2、J3、J5处理与J0差异显著。

从图5-6（b）可知，S71，与Z处理相比，0～5cm，J0～J5处理pH值分别增加了0.07个单位、0.04个单位、0.22个单位、0.05个单位、0.11个单位、0.15个单位，处理间差异均不显著；5～15cm，J0、J2、J5处理pH值分别增加了0.01个单位、0.17个单位、0.29个单位，J1、J3、J4处理则降低了0.09个单位、0.11个单位、0.01个单位，各处理与Z处理差异均不显著，J5处理显著高于J3处理；15～25cm，J1、J4、J5处理pH值分别降低了0.13个单位、0.05个单位、0.11个单位，J0、J2、J3处理分别增加了0.05个单位、0.11个单位、0.08个单位，处理间差异均不显著。S91，与Z处理相比，0～5cm，J0～J5处理pH值分别显著降低了0.31个单位、0.38个单位、0.34个单位、0.49个单位、0.57个单位、0.7个单位，J0显著高于J4处理和J5处理，J1、J2显著高于J5处理；5～15cm，J0～J5处理pH值分别降低了0.18个单位、0.28个单位、0.14个单位、0.25个单位、0.39个单位、0.49个单位，J1、J3、J4、J5处理与Z处理差异显著，J0处理显著高于J4、J5处理；15～25cm，J0～J3处理分别比Z处理增加了0.14个单位、0.13个单位、0.08个单位、0.18个单位，J4、J5处理分别降低了0.07个单位、0.17个单位，各处理与Z处理差异不显著，J3处理显著高于J4、J5处理，J0、J1、J2与J5差异显著。S127，与Z处理相比，0～5cm，J0、J1、J4、J5处理pH值分别降低了0.21个单位、0.18个单位、0.02个单位、0.06个单位，J2、J3处理分别增加了0.01个单位、0.04个单位，处理间差异均不显著；5～15cm，J0处理pH值降低了0.01个单位，差异不显著，J1～J5处理分别增加了0.10个单位、0.24个单位、0.14个单位、0.18个单位、0.20个单位，J2～J5处理与Z处理差异显著，J2处理显著高于J1处理；15～25cm，J0～J5处理pH值分别增加了0.16个单位、0.38个单位、0.51个单位、0.47个单位、0.43个单位、0.43个单位，J1～J5处理与Z、J0处理差异显著。

2019年施加菌剂后不同土层土壤电导率（EC）和pH值如图5-7所示。由图5-7（a）可知，S71，0~5cm，与Z处理相比，B2Y2处理EC增加了7.90%，其余处理降低了2.42%~43.79%，但处理间差异均不显著；5~15cm，Z处理与其他处理EC无显著差异，B3Y1处理较B2Y2处理显著增加了1.2倍；15~25cm，Z处理与其他处理EC无显著差异，除J1、B3Y1外，其余处理均降低了EC。S91，与Z处理相比，0~5cm，各处理间EC无显著差异，但J0~J5处理均低于Z处理；5~15cm，除J3处理外，其他处理均降

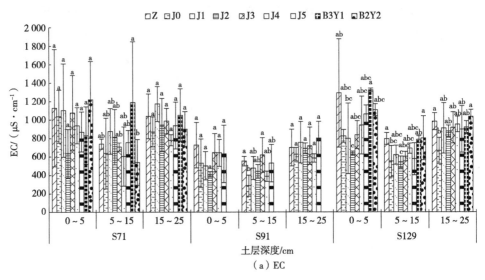

（a）EC

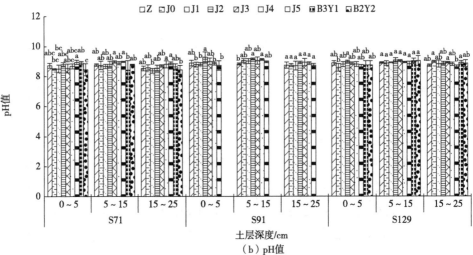

（b）pH值

图5-7　2019年施加菌剂后不同土层土壤EC、pH值

低了土壤EC，其中J0显著低于Z处理和J3处理；15～25cm，各处理EC无显著差异。S129，与Z处理相比，0～5cm，除B3Y1处理外，其他处理均降低了土壤EC，其中J2处理显著低于Z处理、B3Y1处理，J1处理显著低于B3Y1处理；5～15cm，除B2Y2处理外，其他处理土壤EC均低于Z处理，其中J0、J2处理与Z处理差异显著，B2Y2处理显著高于J0、J2处理，B3Y1处理显著高于J2处理。15～25cm，除B2Y2处理外，其他处理均降低了土壤EC，J0处理显著低于Z、B2Y2处理。由图5-7（b）可知，S71，0～5cm，其他处理pH值与Z处理相比均无显著差异，J5处理显著高于J0、J1、B2Y2处理，B2Y2处理较J5、B3Y1处理分别显著降低了0.49个单位、0.45个单位；5～15cm，Z处理与其他处理pH值无显著差异，B3Y1处理显著低于J3、J5处理；15～25cm，Z处理与其他处理pH值无显著差异，J1、B2Y2处理显著低于J4、J5处理。S91，0～5cm，Z处理与其他处理pH值无显著差异，而J2处理显著高于J0、J1、J4、J5处理；5～15cm，与Z处理相比，其他处理pH值增加了1.59%～3.36%，其中J2、J4与Z处理差异显著；15～25cm，各处理间pH值无显著差异，除J1处理外，其他处理均增加了pH值。S129，0～5cm，与Z处理相比，除J2处理外，其他处理土壤pH值均降低，其中J2显著高于J0处理；5～15cm，与Z处理相比，除J0、J5处理外，其他处理均增加了土壤pH值；15～25cm，与Z处理相比，除J5处理外，其他处理均增加了土壤pH值，但与Z处理差异不显著，而J5处理显著低于J0、J3、B3Y1处理。

5.6 施加菌剂对土壤速效磷、速效钾和有机质的影响

2018年施加菌剂后不同土层土壤速效磷、速效钾、有机质质量分数如图5-8所示。从图5-8（a）可知，S71，与Z处理相比，0～5cm，J0、J2、J3、J4、J5处理速效磷质量分数分别降低了24.11%、45.09%、72.77%、45.09%、43.30%，其中J3处理显著低于Z处理，而J1处理增加了11.61%，且J1处理显著高于J3处理；5～15cm，J0、J2、J3、J4、J5处理速效磷质量分数分别降低了4.17%、11.46%、30.21%、58.33%、35.42%，J1处理增加了11.46%，但处理间差异均不显著；15～25cm，J0、J1、J2、J3处理速效

磷质量分数分别增加了49.25%、67.16%、14.93%、44.78%，而J4、J5处理

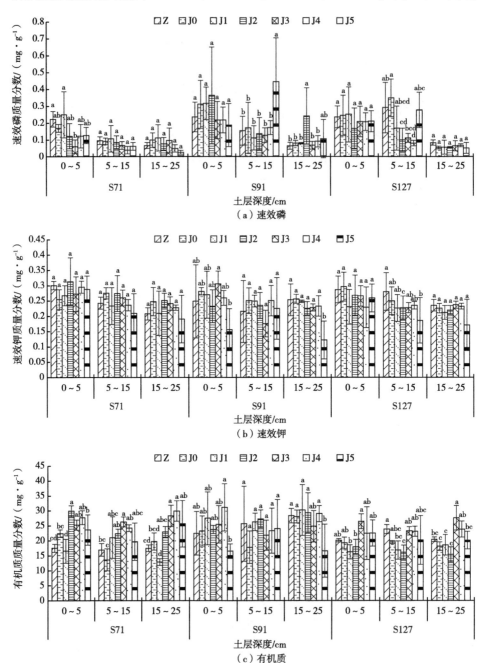

（a）速效磷

（b）速效钾

（c）有机质

图5-8　2018年施加菌剂后不同土层土壤速效磷、速效钾、有机质质量分数

分别降低了25.37%、59.70%，处理间差异均不显著。S91，与Z处理相比，0~5cm，J0、J1、J2处理速效磷质量分数分别增加了32.20%、34.32%、54.24%，J3、J4、J5处理分别降低了7.63%、7.63%、20.34%，但处理间差异均不显著；5~15cm，J0、J4、J5处理速效磷质量分数分别增加了11.04%、12.34%、189.61%，J1、J2、J3处理分别降低了27.27%、11.69%、16.88%，J5处理显著高于Z处理，其他处理间差异均不显著；15~25cm，J0~J5处理速效磷质量分数分别增加了25.00%、25.00%、278.13%，7.81%、43.75%、65.63%，J2处理显著高于Z、J0、J1、J3、J4处理。S127，与Z处理相比，0~5cm，J0、J1处理速效磷质量分数分别增加了3.39%、6.36%，J2~J5处理则降低了11.02%~29.24%，处理间差异均不显著；5~15cm，J0处理速效磷质量分数增加了19.93%，J1~J5处理分别降低了41.92%、65.98%、61.86%、72.51%、4.81%，J2、J4处理与Z处理差异显著，J0处理与J2~J4处理差异显著；15~25cm，J0~J5处理速效磷质量分数降低了18.07%~37.35%，但差异均不显著。

由图5-8（b）可知，S71，与Z处理相比，0~5cm，J0、J1、J3、J4、J5处理速效钾质量分数分别降低了15.28%、10.96%、9.63%、1.99%、4.32%，而J2处理增加了3.99%，与Z处理差异均不显著；5~15cm，J1、J4、J5处理速效钾质量分数分别降低了4.12%、2.88%、13.99%，J0、J2、J3处理分别增加了13.17%、12.76%、7.00%，但处理间差异均不显著；15~25cm，J0、J1、J2、J3、J4处理速效钾质量分数分别增加了19.23%、0.96%、20.67%、15.87%、9.62%，而J5处理降低了8.65%，处理间差异均不显著。S91，与Z处理相比，0~5cm，J2、J5处理速效钾质量分数分别降低了6.43%、37.35%，J0、J1、J3、J4处理分别增加了12.85%、8.43%、22.89%、4.42%，但差异均不显著，J3处理显著高于J5处理；5~15cm，J0、J1、J2、J4、J5处理速效钾质量分数分别增加了16.20%、15.28%、8.80%、16.20%、4.17%，J3处理降低了18.52%，处理间差异均不显著；15~25cm，J1~J5处理速效钾质量分数分别降低了1.98%、11.07%、9.88%、7.91%、51.78%，J0处理增加了1.19%，处理间差异均不显著。S127，与Z处理相比，0~5cm，J0处理速效钾质量分数增加了3.14%，J1~J5处理则降低了6.62%~20.21%，处理间差异均不显著；5~15cm，

J0～J5处理分别降低了10.71%、19.29%、18.93%、18.93%、16.07%、33.57%，J5处理与Z处理差异显著；15～25cm，J0、J1、J2、J4、J5处理速效磷质量分数分别降低了3.83%、9.79%、6.38%、1.28%、27.23%，J3处理则增加了0.85%，但差异均不显著。

由图5-8（c）可知，S71，与Z处理相比，0～5cm，J1处理有机质量降低了5.63%，J0、J2、J3、J4、J5处理分别增加了27.76%、70.14%、43.86%、57.85%、34.53%，J2～J5处理与Z差异显著，J2处理显著高于J0、J1、J5处理；5～15cm，J0处理有机质量降低了19.45%，差异不显著，J1～J5处理分别增加了24.34%、31.94%、55.04%、43.02%、16.38%，J3处理显著高于Z、J0处理，J2、J3处理显著高于J0处理；15～25cm，J1处理有机质量降低了26.30%，差异不显著，J0、J2、J3、J4、J5处理分别增加了12.84%、31.09%、61.61%、70.85%、46.66%，J3、J4、J5处理显著高于Z处理和J1处理，J2处理与J1处理差异显著。S91，与Z处理相比，0～5cm，J0～J4处理有机质量增加了3.55%～38.61%，J5处理降低了26.48%，J5处理显著低于J4处理；5～15cm，J0、J3、J4、J5处理有机质量分别降低了30.65%、15.01%、9.14%、6.46%，J1、J2处理分别增加了2.26%、6.22%，处理间差异均不显著；15～25cm，J0、J3、J5处理有机质量分别降低了1.13%、12.54%、41.35%，J1、J2、J4处理分别增加了6.69%、3.42%、2.29%，J5处理显著低于Z、J0、J1、J2、J4处理。S127，与Z处理相比，0～5cm，J0、J1、J2处理有机质量分别降低了4.37%、19.26%、10.82%，J3、J4、J5处理分别增加了31.46%、11.56%、12.01%，各处理与Z处理差异不显著，J1、J2处理显著低于J3处理；5～15cm，J0～J5处理分别降低了18.25%、29.34%、32.48%、2.47%、3.14%、15.24%，J1、J2处理与Z处理差异显著，J2处理显著低于J3、J4处理；15～25cm，J0、J1、J2、J5处理有机质量分别降低了11.18%、9.185%、24.60%、1.51%，J3、J4处理分别增加了34.90%、16.45%，J3处理与Z处理差异显著，其余处理与Z处理差异不显著，而J0、J1、J2、J5处理显著低于J3处理。

2019年施加菌剂后不同土层土壤速效磷、速效钾、有机质量分数如图5-9所示。由图5-9（a）可知，S71，0～5cm土层，Z处理与其他处理速效磷无显著差异；5～15cm，与Z处理相比，其他处理速效磷增加了

63.02%～324.57%，其中J5、B2Y2处理与Z处理差异显著；15～25cm，J0处理速效磷降低了75.41%，其他处理显著增加了63.93%～183.61%，J5、B2Y2处理显著高于J4处理。S91，0～5cm，各处理速效磷无显著差异，与Z处理相比，J0～J5处理增加了速效磷；5～15cm，除J0处理外，其他处理均增加了速效磷，其中J3处理显著高于Z、J0、J2处理；15～25cm，J0～J5处理速效磷与Z处理差异不显著，而J3显著高于J0、J1、J4处理，J2、J5处理显著高于J0处理。S129，0～5cm，除J0处理外，其他处理速效磷均低于Z处理，其中，B3Y1处理速效磷显著低于Z处理40.89%；5～15cm，J1处理速效磷较Z处理显著增加了22.31%，J3处理较Z处理显著降低了44.62%，J1处理还与J2、J3、J4、B3Y1处理差异显著；15～25cm，除J0处理外，其他处理均降低了速效磷，其中J2、J5、B3Y1、B2Y2处理与Z处理差异显著，J0处理显著高于除Z、J1处理外的其他处理。

由图5-9（b）可知，S71，0～5cm土层，Z处理与其他处理速效钾无显著差异，J3处理速效钾显著低于J0、J1、J5、B2Y2处理，其他处理速效钾增幅为4.25%～66.88%；5～15cm，Z处理与其他处理速效钾无显著差异，J0、J1、J2、B2Y2处理增加，J3、J4、J5、B3Y1处理降低，J3、J4处理显著低于J0、J1、B2Y2处理；15～25cm，与Z处理相比，其他处理均降低了速效钾（0.85%～18.93%），其中J3、J4与Z处理差异显著。S91，0～5cm，各处理速效钾无显著差异，与Z处理相比，J1～J5增加了速效钾；5～15cm，各处理速效钾无显著差异，除J3、J5处理外，其他处理速效钾均降低；15～25cm，与Z处理相比，J0处理速效钾显著降低了18.03%，同时J0处理速效钾显著低于J2～J5处理，J1处理速效钾显著低于J5处理。S129，0～5cm，各处理速效钾无明显差异；5～15cm，除J5处理外，其他处理均降低了速效钾，但处理间差异均不显著；15～25cm，各处理速效钾无显著差异。

由图5-9（c）可知，S71，0～5cm土层，与Z处理相比，J1、J4、B2Y2处理有机质显著降低了24.14%、34.01%、57.40%，其中B2Y2处理显著低于J1、J4处理；5～15cm，各处理有机质无显著差异，与Z处理相比，J0、J1、J4、B3Y1处理增加，J2、J3、J5、B2Y2处理降低；15～25cm，各处理有机质无显著差异，J0～J4处理高于Z处理，J5、B3Y1、B2Y2处理低于Z处理。

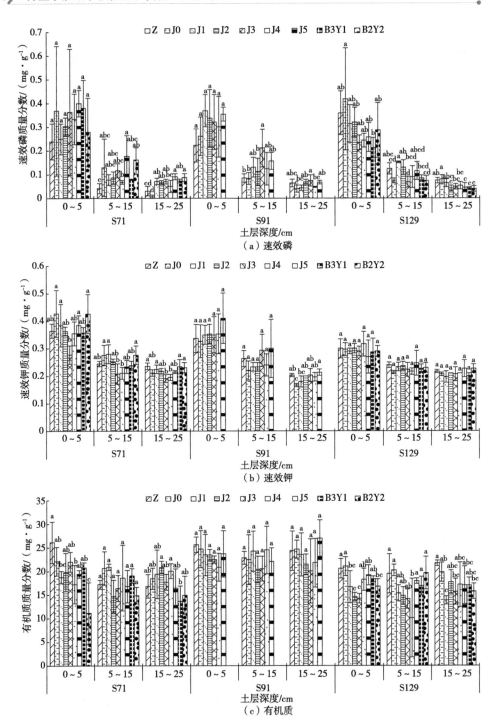

图5-9 2019年施加菌剂后不同土层土壤速效磷、速效钾、有机质质量分数

S91，0～5cm，各处理有机质无显著差异，与Z处理相比，J0～J5处理降低了有机质；5～15cm，各处理有机质无显著差异，除J1、J4处理外，其他处理均降低了有机质；15～25cm，各处理有机质无显著差异。S129，0～5cm，除J0处理外，其他处理有机质均低于Z处理，J1～J3处理和B2Y2处理有机质显著低于Z和J0处理，J2、J3处理有机质与J4、J5、B3Y1处理差异显著；5～15cm，与Z处理相比，除J0、B2Y2处理外，其他处理均降低了有机质，其中J4与Z、J0、J5、B3Y1、B2Y2处理差异显著；15～25cm，与Z处理相比，其他处理有机质降低了8.75%～36.22%，其中，J1显著低于Z和J0处理，J3、B2Y2处理显著低于Z处理。

5.7 本章小结

（1）施加菌剂增加了土壤氧化还原电位。2018年，施加菌剂可以一定程度上促进土壤氧化还原电位的增加，以J2处理较为明显。2019年，施加菌剂也提高了土壤氧化还原电位，施加菌剂10d内提升幅度大于生育后期，且J1、J2、J3提升幅度较大；再生水灌溉时施加菌剂同样可以增加土壤氧化还原电位，除9d后B3Y1处理外。土壤氧化还原电位的增加有利于增强植物对土壤养分的利用能力。

（2）2018年，恢复清水灌溉并施加菌剂可以增加S71时不同土层土壤细菌数目，增加放线菌（除0～5cm和15～25cm土层J1处理外）、大肠菌群（除0～5cm土层J3处理外）、大肠杆菌数目，降低真菌数目（除0～5cm、5～15cm土层J4处理外）。单独施加枯草芽孢杆菌可以增加0～25cm土壤中的芽孢杆菌数目，单独施加酵母菌并不会增加土壤中的真菌数目。S127，J2处理显著增加了细菌数目，其余处理则降低，但与Z处理差异不显著；除J1处理外，恢复清水并施加菌剂处理均降低了0～25cm土层放线菌数目；J2～J4处理均降低了0～25cm土层大肠菌群数目；J3～J5处理均增加了0～25cm土层真菌数目。J0～J2处理增加了0～5cm土层芽孢杆菌数目，J0～J5处理降低了5～25cm土层芽孢杆菌数目。施加菌剂后有可能增加土壤大肠杆菌数目，如J1～J3处理0～15cm土层，J1、J5处理15～25cm土层，但未达显著水平。恢复清水灌溉并施加菌剂后一定程度增加了土壤大肠菌群和大肠杆菌数目，这是因为恢复清水并施加菌剂后，土壤盐分胁迫得到缓解，土壤养分供应发生变化，促进了病原菌的繁殖。

2019年，0~5cm土层，与Z处理相比，其他处理的细菌数目有所降低，而放线菌和真菌数目在某些处理中有所增加。芽孢杆菌数目在部分处理中降低，在另一些处理中增加。大肠菌群和大肠杆菌数目在各处理间无显著差异。5~15cm土层中，各处理的细菌、真菌、大肠菌群和大肠杆菌数目无显著差异，但放线菌和真菌数目在有些处理中有所增加；此外，B3Y1处理的放线菌和芽孢杆菌数目均高于其他处理。15~25cm土层中，细菌数目在处理间无显著差异，但放线菌、真菌、大肠菌群和大肠杆菌数目在一些处理中显著增加。特别是J3处理的沙门菌和大肠杆菌数目显著高于其他处理（除Z处理外），而J4处理的真菌数目也显著增加。

（3）施加菌剂对土壤硝态氮和铵态氮的影响在不同年份间存在差别，这是两年间水稻生长存在差异的原因之一。2018年，S71，0~25cm，J0、J2、J3处理硝态氮均降低，J3降幅最大，其余处理均增加，以J5处理增幅最大。S91，除J0外，菌剂处理均增加了0~5cm硝态氮，除J5外，其余处理均降低了5~25cm硝态氮。S127，J0、J4、J5处理增加了0~5cm硝态氮，J0、J5处理增加了5~15cm硝态氮，所有处理15~25cm硝态氮均降低。S71，J0~J5处理增加了0~15cm铵态氮，J0~J4处理增加了15~25cm铵态氮；S91，J0、J2、J5处理增加了0~5cm铵态氮，J0~J3处理增加了5~15cm铵态氮，J1~J3处理增加了15~25cm铵态氮；S127，J0、J2、J3处理增加了0~5cm铵态氮，J0、J3、J4处理增加了5~15cm铵态氮，J3增加了15~25cm铵态氮，J3处理增幅最大。而2019年，S71，J2、J3、J5、B2Y2增加了0~5cm铵态氮，J0、J2、J3、B3Y1、B2Y2增加了5~15cm铵态氮，J0~J5、B3Y1、B2Y2处理增加了15~25cm铵态氮；除J1处理增加了0~25cm硝态氮，J2~J5处理均降低了0~25cm硝态氮，J0处理增加了0~5cm硝态氮，B3Y1处理增加了5~15cm硝态氮，B2Y2处理增加了0~15cm硝态氮。S91，J2、J3、B2Y2处理增加了0~5cm铵态氮，除J1、J4处理外，其余处理均增加了5~15cm铵态氮，J2处理增加了15~25cm铵态氮；J0~J5、B3Y1、B2Y2处理均大幅增加了0~25cm土壤硝态氮，以J3、J4、J5处理增幅相对较大。

（4）施加菌剂后土壤中的Na^+质量分数和K^+质量分数会受到处理方

式、土层深度和时间点的共同影响。2018年，持续再生水灌溉增加了土壤中的Na^+，而恢复清水灌溉降低了土壤中的Na^+，施加菌剂可以进一步降低土壤中的Na^+，且以J1、J2降幅最大；S71，施加菌剂并恢复清水灌溉降低了土壤中的K^+，而S91则增加了0～15cm土层K^+，15～25cm则降低；S127，J0、J1、J2处理增加了0～5cm土层K^+，其余处理则降低了K^+。同时，持续再生水灌溉增加了土壤电导率（EC），S71，恢复清水灌溉施加菌剂降低了0～5cm土壤EC，J4处理增加了5～25cm土壤EC，这是因为持续的清水灌溉将表层的盐分淋洗到了下层；S91，恢复清水灌溉降低了土壤EC，而施加菌剂处理土壤EC表现不同，J3、J5处理增加了0～5cm土壤EC，J4处理增加了0～25cm土壤EC；S127，恢复清水灌溉并施加菌剂处理显著降低土壤EC，以J1处理降幅较大，这与王婧 等（2012）研究结果相一致。恢复清水灌溉并施加菌剂对S71土壤pH值影响较小，S91，0～15cm土壤pH值大幅降低，J0～J3处理增加了15～25cm土壤pH值，而J4、J5处理则降低，增加酵母菌施量有利于降低S91土壤pH值；S127，土壤pH值差别较小，施加菌剂大幅增加了5～25cm土壤pH值，以J2处理增幅最大。

2019年，在S71，J2处理在0～5cm土层显著降低了Na^+、K^+含量，而其他土层中各处理对Na^+含量的影响不尽相同。在S91，与Z处理相比，其他处理在不同土层中普遍降低了Na^+含量，其中J1、J2、J5处理在0～5cm土层与Z处理差异显著。在S129，各处理对Na^+含量的影响因土层深度而异，其中B2Y2、B3Y1处理在0～5cm土层显著高于其他处理；B3Y1处理在0～5cm土层显著增加了K^+含量，而J5、B3Y1、B2Y2处理在不同土层中均显著增加了K^+含量。

（5）单独施加枯草芽孢杆菌有利于增加S71 0～25cm速效磷，这是因为枯草芽孢杆菌有一定的溶磷能力（王丽花 等，2018）。施加酵母菌（J4、J5处理）则降低0～25cm速效磷；J0、J1增加了S91 0～25cm速效磷，J2处理增加了0～5cm、15～25cm速效磷，J5处理大幅增加了5～15cm速效磷；S127，J0、J1处理0～5cm速效磷增加，J0处理5～15cm速效磷增加，J0～J5处理15～25cm速效磷均降低。虽然有证据显示酵母菌具有较强的溶磷能力（Nakayan et al.，2013；蔡红丹 等，2019），但本研究中酵母菌施量较大的处理在10d后速效磷则呈现下降趋势，有可能是因为磷以有机磷的形态存在于土壤中，这一点需要进一步测试分析，但30d后则增加了速效磷的供应。J5处理大幅降低了0~25cm土壤速效钾，J1处理一定程度增加了土壤速效钾的供应，其他菌剂处理对速效钾的影响不太明显。J2~J5处理增加了S71 0~25cm土壤有机质含量，J5处理降低了S91 0~25cm土壤有机质含量；J3~J5处理有利于维持S127较高的有机质含量，其余处理则大幅降低了土壤有机质含量。整体而言，施加枯草芽孢杆菌有利于增加土壤速效磷和速效钾的供应，而酵母菌则有利于提高有机质含量。

2019年，S71，在0~5cm和5~15cm土层中，部分处理的速效钾含量有所增加，而在15~25cm土层中，所有处理均降低了速效钾含量。

S71，不同土层中各处理的速效磷含量普遍有所增加，尤其在5~15cm和15~25cm土层中，部分处理的速效磷含量显著增加。S91，在5~15cm土层中，J3处理的速效磷含量显著高于其他处理。S129，多数处理的速效磷含量在0~5cm土层中低于Z处理，而在15~25cm土层中，除J0外，其他处理均降低了速效磷含量。

S71，不同土层中各处理的有机质含量变化存在差异，其中在0~5cm土层中，部分处理的有机质含量显著降低。S91，各土层中的有机质含量多数处理间无显著差异。S129，多数处理的有机质含量在各土层中均有所降低，尤其在15~25cm土层中，所有处理的有机质含量均低于Z处理。

6 微生物—土壤理化指标—水稻生理性状的关系

6.1 施加菌剂调节土壤理化性状

2018年菌剂施加量与土壤理化指标相关性分析结果见表6-1。由表6-1可知，S71，枯草芽孢杆菌施加量（B）与速效磷、NH_4^+-N呈正相关，与pH值、EC、Na^+、K^+呈负相关，与速效钾、有机质、NO_3^--N相关性较弱；酵母菌施加量（Y）与速效磷、有机质呈极显著相关（$r=-0.753$、$r=0.629$），与pH值、NO_3^--N、NH_4^+-N呈正相关，与速效钾、Na^+、K^+负相关，且与Na^+相关系数为-0.415。S91，枯草芽孢杆菌施加量与速效钾、有机质、pH值、K^+、NH_4^+-N呈正相关，与EC、Na^+、NO_3^--N呈负相关，与其他指标相关性较弱；酵母菌施加量与速效磷、EC呈正相关，与NO_3^--N呈显著正相关（$r=0.494$），与速效钾、pH值分别呈显著、极显著负相关（$r=-0.543$、-0.828），与有机质、Na^+、K^+呈负相关，与其他指标相关性较弱。综上可知，枯草芽孢杆菌施加量对土壤理化指标的影响均未达显著水平，而酵母菌施加量对速效磷、速效钾、有机质、pH值、NO_3^--N的影响均达显著水平；枯草芽孢杆菌与酵母菌对土壤理化指标的影响存在较大差异，且二者对不同时期土壤理化性质的影响差别也较大。

表6-1 2018年菌剂施加量与土壤理化指标相关性分析结果

生育期	指标	速效磷	速效钾	有机质	pH值	EC	Na^+	K^+	NO_3^--N	NH_4^+-N
S71	B	0.28	0.086	0.041	-0.117	-0.11	-0.148	-0.227	-0.055	0.229
	Y	-0.753**	-0.142	0.629**	0.247	-0.094	-0.415	-0.118	0.323	0.338
S91	B	-0.003	0.219	0.37	0.127	-0.394	-0.12	0.253	-0.342	0.272
	Y	0.191	-0.534*	-0.275	-0.828**	0.287	-0.388	-0.27	0.494*	0.02

注：B、Y分别表示枯草芽孢杆菌和酵母菌；"*""**"分别表示两个指标在0.05、0.01水平上显著相关。下同。

2019年菌剂施加量与土壤理化指标相关性分析结果见表6-2。由表6-2可知，S71，枯草芽孢杆菌施加量（B）与EC、NO_3^--N（$P<0.05$）呈正相关，与有机质、pH值（$P<0.05$）、Na^+、K^+负相关；酵母菌施加量（Y）与速效钾、pH值（$P<0.05$）、Na^+（$P<0.05$）、K^+、NH_4^+-N呈正相关，与速效磷、有机质、EC、NO_3^--N呈负相关。S91，枯草芽孢杆菌施加量（B）与速效钾、pH值、NO_3^--N呈正相关，与速效磷、有机质、EC、Na^+、K^+呈负相关；酵母菌施加量（Y）与速效磷（$P<0.05$）、速效钾、EC、NO_3^--N呈正相关，与有机质、Na^+、K^+、NH_4^+-N呈负相关。短期看（10d），枯草芽孢杆菌和酵母菌施加量对土壤指标（除速效磷、NH_4^+-N外）的影响相反，长期看（30d），二者的影响趋于一致（除速效磷、EC外）。

表6-2　2019年菌剂施加量与土壤理化指标相关性分析结果

生育期	指标	速效磷	速效钾	有机质	pH值	EC	Na^+	K^+	NO_3^--N	NH_4^+-N
S71	B	0	-0.075	-0.119	-0.393*	0.253	-0.112	-0.171	0.426*	0.02
	Y	-0.303	0.375	-0.346	0.629**	-0.291	0.463*	0.254	-0.615**	0.338
S91	B	-0.131	0.358	-0.237	0.342	-0.103	-0.413	-0.429	0.241	-0.077
	Y	0.450*	0.394	-0.105	0.043	0.193	-0.106	-0.136	0.357	-0.31

对2018年土壤理化指标（S71、S91）进行主成分分析（PCA），结果如表6-3所示。从表6-3可以看出，S71，前3个主成分贡献率分别为34.27%、23.93%、11.37%，累积贡献率为69.56%；主成分1（F1）中速效钾、Na^+所占比重较大，主成分2（F2）中电导率、NO_3^--N所占比重较大，主成分3（F3）中速效磷、NH_4^+-N所占比重较大。S91，前3个主成分贡献率分别为39.37%、17.56%、15.54%，累积贡献率为72.47%；F1中pH值、NO_3^--N所占比重较大，F2中速效钾、K^+所占比重较大，F3中有机质、NH_4^+-N所占比重较大。不同时期水稻土壤中主要理化指标会发生改变，施加菌剂后10d以Na^+、电导率、速效磷为主，30d以NO_3^--N、速效钾、有机质为主。

表6-3 2018年土壤理化指标主成分得分系数、特征值和贡献率

指标	S71			S91		
	F1	F2	F3	F1	F2	F3
速效磷	0.03	0.06	0.86	0.17	0.09	-0.16
速效钾	0.27	0.18	0.11	-0.16	0.51	0.09
有机质	0.24	0.10	0.18	-0.04	-0.05	0.52
pH值	0.05	0.32	-0.01	-0.35	0.04	0.19
电导率	0.17	-0.39	-0.15	0.22	0.09	0.06
Na^+	0.29	-0.11	-0.05	0.23	-0.04	0.26
K^+	0.26	-0.05	-0.09	-0.04	0.48	-0.10
NO_3^--N	-0.09	-0.33	-0.08	0.37	-0.23	0.00
NH_4^+-N	-0.10	0.23	-0.36	-0.10	0.03	0.46
特征值	3.084	2.153	1.023	3.543	1.581	1.398
方差贡献率/%	34.271	23.926	11.365	39.365	17.563	15.539
累积贡献率/%	34.271	58.198	69.563	39.365	56.928	72.467

注：F1、F2、F3分别表示第一主成分、第二主成分、第三主成分。下同。

对2019年土壤理化指标（S71、S91）进行主成分分析（PCA），结果如表6-4所示。从表6-4可以看出，S71，前3个主成分贡献率分别为32.57%、23.37%、11.36%，累积贡献率为67.30%；主成分1（F1）中pH值、K^+所占比重较大，主成分2（F2）中有机质、电导率、NO_3^--N所占比重较大，主成分3（F3）中速效磷、速效钾、有机质、NH_4^+-N所占比重较大。S91，前3个主成分贡献率分别为35.33%、21.96%、15.29%，累积贡献率为72.57%；F1中pH值、电导率、Na^+所占比重较大，F2中有机质、K^+所占比重较大，F3中pH值、Na^+、NO_3^--N、NH_4^+-N所占比重较大。施加菌剂后10d以K^+、有机质、速效钾为主，30d以电导率、有机质、NO_3^--N、NH_4^+-N为主。

表6-4　2019年土壤理化指标主成分得分系数、特征值和贡献率

指标	S71			S91			
	F1	F2	F3	F1	F2	F3	F4
速效磷	0.21	−0.11	0.39	0.00	0.11	0.08	0.48
速效钾	−0.13	−0.14	0.67	−0.09	−0.11	0.04	0.62
有机质	0.04	−0.51	0.32	−0.22	0.55	0.09	0.02
pH值	0.25	0.10	−0.09	−0.31	−0.13	0.30	0.26
电导率	−0.04	0.43	−0.05	0.43	−0.23	0.00	0.09
Na^+	0.08	0.19	0.26	0.38	−0.09	0.26	0.01
K^+	0.36	−0.10	−0.02	0.06	0.41	−0.10	−0.04
NO_3^--N	−0.02	0.23	0.07	−0.02	−0.15	−0.48	0.00
NH_4^+-N	0.21	−0.11	0.39	−0.02	−0.10	0.47	0.06
特征值	2.931	2.103	1.023	3.180	1.976	1.376	1.135
方差贡献率/%	32.570	23.369	11.362	35.329	21.958	15.285	12.607
累积贡献率/%	32.570	55.939	67.301	35.329	57.287	72.572	85.179

对2018年土壤理化指标进行主坐标分析（PCoA），结果如图6-1所示。由图6-1（a）可知，S71，第一排序轴（PC1）、第二排序轴（PC2）解释比例分别为84.22%、5.76%，二者共同解释了89.98%，可以解释样本变异的大部分信息；J2处理位于PC1正方向，J4处理位于PC1负方向，其余处理均横跨PC1正负方向；J4、J5处理与Z处理未产生交叉，J4、J5处理与J2处理也未产生交叉；J4、Z处理相对变异较小。由图6-1（b）可知，S91，PC1、PC2的解释比例分别为86.56%、8.38%，二者共同解释了94.94%；Z处理位于PC1的负方向，J4处理位于PC1的正方向，其余处理则横跨PC1正负方向；J0～J5处理均与Z处理未产生交叉，且这6个处理中除J4处理有一个点，其余样点均聚集在一个小区域。综上可知，恢复清水灌溉、施加菌剂后处理间土壤理化指标存在一定的差异，30d时各处理与Z处理的差异较10d时大，说明施加菌剂后，土壤理化特性的变化存在一定的滞后性。

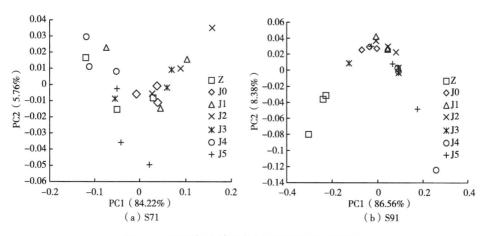

图6-1　2018年土壤理化指标主坐标分析结果

对2019年土壤理化指标进行主坐标分析（PCoA），结果如图6-2所示。由图6-2（a）可知，S71，第一排序轴（PC1）、第二排序轴（PC2）解释比例分别为80.94%、6.15%，二者共同解释了87.09%，可以解释样本变异的大部分信息；B3Y1处理位于PC1正方向，J2、J4处理位于PC1负方向，其余处理均横跨PC1正负方向；J4、J5处理与Z处理未产生交叉，J5处理与J2处理也未产生交叉；J3、J5处理相对变异较小。由图6-2（b）可知，S91，PC1、PC2的解释比例分别为84.22%、5.76%，二者共同解释了89.98%；J2处理位于PC1的负方向，其余处理则横跨PC1正负方向；J0～J5处理均与Z处理未产生交叉，且这6个处理中除J3处理外，其余样点均聚集在一个小区域。

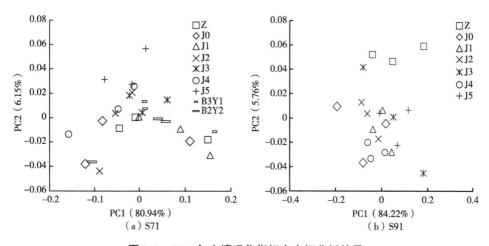

图6-2　2019年土壤理化指标主坐标分析结果

综上可知，恢复清水灌溉并施加菌剂后处理间土壤理化指标存在一定的差异，30d时各处理与Z处理的差异较10d时大，进一步证明施加菌剂后土壤理化特性的变化存在一定的滞后性。

6.2 土壤理化指标与水稻生理指标之间的关系

6.2.1 水稻生理PCA、PCoA分析

6.2.1.1 2018年结果

2018年分别对S71、S91水稻生理生化指标进行主成分分析（PCA），结果如表6-5所示。由表6-5可知，S71，前3个主成分贡献率分别为37.88%、23.16%、13.72%，累积贡献率为74.76%；F1中Chla、Chlb、Chla+b、类胡萝卜素所占比重较大，F2中可溶性蛋白、CAT、SOD所占比重较大，F3中可溶性糖、GS、POD所占比重较大。S91，前5个主成分贡献率分别为33.58%、24.15%、13.79%、9.88%、8.59%，累积贡献率为89.98%；F1中Chla、Chlb、Chla+b、类胡萝卜素所占比重较大，F2中POD、CAT、SOD、可溶性蛋白所占比重大，F3中根系活力、MDA所占比重较大，F4中可溶性糖、GS所占比重较大，F5中Chla/b所占比重较大。综合来看，叶绿素指标、CAT、SOD是最主要的生理指标。

表6-5 2018年水稻生理生化指标主成分得分系数、特征值和贡献率

指标	S71			S91				
	F1	F2	F3	F1	F2	F3	F4	F5
Chla	0.21	−0.01	0.04	0.253	0.027	−0.001	0.008	0.082
Chlb	0.24	−0.02	−0.02	0.235	0.015	0.016	−0.029	−0.095
Chla+b	0.22	−0.01	0.02	0.250	0.024	0.004	−0.002	0.035
类胡萝卜素（Carotenoid）	0.21	0.00	−0.01	0.243	0.006	−0.023	−0.028	0.037
Chla/b	−0.18	0.02	0.13	−0.014	0.008	−0.055	0.012	0.703
根系活力（Root activity）	0.02	−0.11	0.26	−0.098	−0.036	−0.351	0.055	−0.411
可溶性糖（Soluble sugar）	−0.10	0.05	0.41	−0.035	−0.030	0.218	0.664	−0.091

（续表）

指标	S71			S91				
	F1	F2	F3	F1	F2	F3	F4	F5
可溶性蛋白（Protein）	−0.04	−0.30	0.04	−0.024	−0.281	−0.016	−0.012	0.097
丙二醛（MDA）	−0.19	0.03	0.25	−0.029	−0.063	0.558	0.233	−0.091
过氧化物酶（POD）	0.04	0.05	−0.28	0.068	0.290	−0.243	0.221	0.312
过氧化氢酶（CAT）	−0.05	0.32	0.03	−0.010	0.283	0.011	−0.102	−0.026
超氧化物歧化酶（SOD）	−0.03	0.32	0.00	0.012	0.293	−0.005	−0.072	0.038
谷氨酰胺合成酶（GS）	0.09	−0.13	−0.29	−0.021	0.020	0.289	−0.407	−0.137
特征值	4.924	3.010	1.784	4.366	3.139	1.792	1.284	1.116
方差贡献率/%	37.881	23.157	13.723	33.584	24.145	13.785	9.878	8.586
累积贡献率/%	37.881	61.037	74.760	33.584	57.729	71.515	81.393	89.979

　　对2018年水稻生理指标进行主坐标分析（PCoA），结果如图6-3所示。由图6-3（a）可知，S71，第一排序轴（PC1）、第二排序轴（PC2）解释比例分别为43.64%、25.79%，二者共同解释了69.43%；Z、J4处理位于PC1的负方向，J3处理位于PC1的正方向，其余处理均横跨PC1正负方向；除J0、J5处理外，其余处理均与Z处理未交叉；J3处理中心与Z、J0、J4处理差距较远。

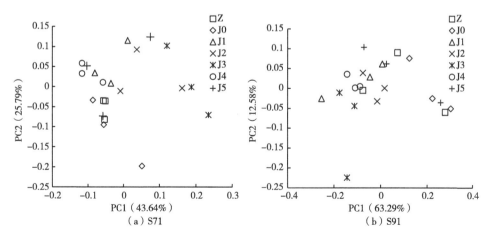

（a）S71　　　　　　　（b）S91

图6-3　2018年水稻生理指标主坐标分析结果

由图6-3（b）可知，S91，PC1、PC2解释比例分别为63.29%、12.58%，二者共同解释了75.87%；J0处理位于PC1的正方向，J3、J4位于PC1的负方向；J3处理与Z处理未形成交叉；J1～J4处理与J0处理均未形成交叉；各处理的大多数样点均位于0点附近的同一个小区域内。综上可知，恢复清水灌溉并施加菌剂10d后，菌剂处理与清水处理、再生水处理差异较大；而30d后，菌剂处理与再生水处理间差异变小，但清水处理与菌剂处理存在一定的差异。

6.2.1.2 2019年结果

同样对2019年S71、S91水稻生理生化指标进行主成分分析（PCA），结果如表6-6所示。由表6-6可知，S71，前4个主成分贡献率分别为30.69%、19.09%、15.15%、9.62%，累积贡献率为74.55%；F1中Chla、Chlb、Chla+b、类胡萝卜素所占比重较大，F2，可溶性蛋白、CAT、GS所占比重较大，F3中Chla/b、POD、SOD所占比重较大。S91，前4个主成分贡献率分别为35.62%、21.00%、15.33%、10.34%，累积贡献率为82.29%；F1中Chla、Chlb所占比重较大，F2中根系活力、可溶性蛋白、SOD所占比重大，F3中MDA、GS所占比重较大，F4中类胡萝卜素、Chla/b、可溶性糖、CAT所占比重较大。综合来看，叶绿素指标、CAT、SOD、GS是最主要的生理指标。

表6-6 2019年水稻生理生化指标主成分得分系数、特征值和贡献率

指标	S71				S91			
	F1	F2	F3	F4	F1	F2	F3	F4
Chla	0.23	0.10	0.14	-0.07	0.20	-0.02	-0.13	0.18
Chlb	0.21	0.14	-0.13	0.12	0.19	-0.12	0.00	-0.02
Chla+b	0.23	0.11	0.06	-0.02	0.20	-0.05	-0.10	0.13
类胡萝卜素	0.18	-0.03	0.29	-0.03	0.15	0.07	-0.23	0.34
Chla/b	0.00	-0.09	0.39	-0.31	-0.12	0.18	-0.16	0.32
根系活力	-0.02	0.09	-0.08	0.45	-0.08	0.22	0.18	0.21
可溶性糖	0.07	-0.05	0.02	0.54	-0.08	-0.07	0.12	0.46

（续表）

指标	S71				S91			
	F1	F2	F3	F4	F1	F2	F3	F4
可溶性蛋白	0.09	−0.26	0.14	0.25	−0.05	−0.33	0.10	0.05
MDA	0.13	0.10	−0.01	0.00	0.05	−0.15	0.39	0.00
POD	−0.12	0.11	0.31	0.29	0.14	0.19	0.19	−0.17
CAT	−0.07	0.33	0.00	−0.09	0.07	−0.10	0.23	0.38
SOD	−0.13	0.11	0.33	0.18	0.14	0.21	0.19	−0.13
GS	−0.02	0.36	0.05	−0.01	0.00	0.19	0.25	0.16
特征值	3.989	2.481	1.969	1.250	4.630	2.730	1.993	1.344
方差贡献率/%	30.69	19.09	15.15	9.62	35.62	21.00	15.33	10.34
累积贡献率/%	30.69	49.78	64.93	74.55	35.62	56.62	71.95	82.29

2019年水稻生理指标主坐标分析（PCoA）结果如图6-4所示。由图6-4（a）可知，S71，第一排序轴（PC1）、第二排序轴（PC2）解释比例分别为30.31%、18.48%，二者共同解释了48.79%；Z、J0、J4处理位于PC1的负方向，B2Y2处理位于PC1的正方向，其余处理均横跨PC1正负方向；除J0、J4处理外，其余处理均与Z处理未交叉。由图6-4（b）可知，S91，PC1、PC2解释比例分别为68.30%、10.48%，二者共同解释了78.78%；J0、J5处理位于

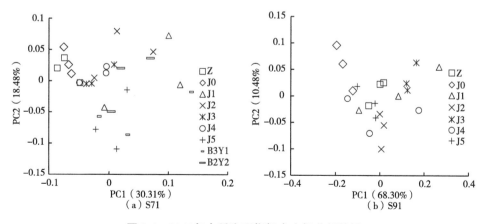

图6-4　2019年水稻生理指标主坐标分析结果

PC1的负方向，J3位于PC1的正方向；J0、J2、J3处理与Z处理未形成交叉；J1~J3处理与J0处理均未形成交叉；各处理的大多数样点均位于0点附近的同一个小区域内。综上可知，恢复清水灌溉并施加菌剂10d后，菌剂处理与清水处理、再生水处理差异相对较大；而30d后，菌剂处理与再生水处理间差异变小，但清水处理与菌剂处理仍有一定的差异。

6.2.2 土壤与生理相关性分析

6.2.2.1 基于2018年结果进行分析

S71、S91土壤理化指标（0~5cm、5~15cm、15~25cm土壤均值）与水稻生理指标相关性分析结果分别如表6-7、表6-8所示。

表6-7　2018年S71土壤理化指标与水稻生理指标相关性分析结果

指标	速效磷	速效钾	NO_3^--N	NH_4^+-N	有机质	pH值	EC	Na^+	K^+
Chla	-0.537*	0.154	0.147	0.616**	0.522*	0.266	-0.018	-0.136	0.229
Chlb	-0.497*	0.127	0.169	0.603**	0.475*	0.277	-0.041	-0.175	0.180
Chla+b	-0.530*	0.147	0.154	0.618**	0.513*	0.271	-0.025	-0.148	0.217
类胡萝卜素	-0.467*	0.160	0.054	0.625**	0.478*	0.204	0.047	-0.037	0.204
Chla/b	0.198	-0.010	-0.148	-0.326	-0.181	-0.125	0.119	0.250	0.073
根系活力	-0.232	-0.024	0.584**	0.379	0.326	0.048	-0.012	-0.226	0.080
可溶性糖	-0.027	0.217	0.078	0.299	0.323	-0.253	0.218	0.131	0.178
可溶性蛋白	0.367	-0.212	0.585**	-0.382	-0.462*	-0.048	0.149	0.122	0.115
MDA	0.197	-0.212	-0.198	-0.253	-0.430	0.219	-0.389	-0.248	-0.301
POD	0.044	0.052	-0.394	0.060	-0.159	0.197	-0.177	-0.011	-0.071
CAT	-0.302	0.181	-0.546*	0.299	0.469*	-0.008	-0.115	-0.101	-0.217
SOD	-0.323	0.166	-0.616**	0.339	0.454*	0.021	-0.184	-0.138	-0.202
GS	0.320	0.160	0.321	-0.201	-0.346	-0.060	0.208	0.239	0.133

由表6-7可知，S71，叶绿素总量（Chla+b）与速效磷显著负相关（r=

-0.530），与EC、Na^+负相关，与速效钾、NO_3^--N、pH值、K^+正相关，与NH_4^+-N极显著正相关（$r=0.618$），与有机质正相关（$r=0.513$）；类胡萝卜素与土壤理化指标的关系与叶绿素总量相似；Chla/b与土壤理化指标的相关性均未达到显著水平；根系活力与速效磷、Na^+负相关，与NO_3^--N极显著正相关（$r=0.584$），与NH_4^+-N、有机质正相关，与其他指标相关性较弱；除速效磷和pH值外，可溶性糖与速效钾、NH_4^+-N、有机质等指标正相关，其中与有机质的相关系数为0.323；可溶性蛋白与速效磷正相关，与NO_3^--N极显著正相关（$r=0.585$），与EC、Na^+、K^+相关系数均大于0.1，与速效钾、NH_4^+-N负相关，与有机质显著负相关（$r=-0.462$）；MDA与速效磷和pH值正相关，与其他指标均负相关，其中与EC的相关系数为-0.389；POD与NO_3^--N、有机质、EC负相关，与pH值正相关，但均未达显著水平；CAT与速效磷、EC、Na^+、K^+负相关，与NO_3^--N显著负相关（$r=-0.546$），与速效钾、NH_4^+-N正相关，与有机质显著正相关（$r=0.469$）；SOD与土壤理化指标的关系与CAT相似，与NO_3^--N显著负相关（$r=-0.616$），与有机质显著正相关（$r=0.454$）；GS与速效磷、NO_3^--N、EC、Na^+、K^+正相关，与NH_4^+-N、有机质负相关，其中与速效磷相关系数为0.32，与有机质相关系数为-0.346。速效钾、速效磷、NO_3^--N、NH_4^+-N与生理指标的关系比其他指标密切。

由表6-8可知，S91，叶绿素总量（Chla+b）与速效磷正相关，与NO_3^--N显著正相关（$r=0.453$），与速效钾、NH_4^+-N、有机质、Na^+、K^+负相关，与pH值极显著负相关（$r=-0.588$）；类胡萝卜素表现与叶绿素总量相似，与NO_3^--N正相关，与pH值显著负相关（$r=-0.547$）；叶绿素a与叶绿素b的比值（Chla/b）与速效磷、速效钾、有机质、K^+负相关，与NH_4^+-N显著负相关（$r=-0.462$），与pH值正相关，与EC、Na^+均显著正相关（$r=0.508$、0.480）；根系活力与土壤理化指标相关性均不显著，与速效钾、EC、Na^+相关系数分别为0.257、-0.277、-0.234；可溶性糖与速效磷、NO_3^--N负相关，与速效钾显著正相关（$r=0.464$），与有机质、EC、Na^+、K^+也呈正相关关系；可溶性蛋白与土壤理化指标相关性均不显著，与NH_4^+-N、有机质相关系数分别为-0.355、-0.308；MDA与土壤理化指标相关性均不显著，其中与速效磷负相关，与NH_4^+-N正相关；POD与土壤理化指标相关性均不显著，与NH_4^+-N、pH值负相关，与有机质、EC正相关；CAT与速效磷、NO_3^--N负相关，与NH_4^+-N显著正相关（$r=0.454$），与有机质、K^+正相关；SOD表现与CAT仍较为相似，与NH_4^+-N正相关；GS与速效磷、速效钾、有机质负相关，与NO_3^--N、pH值正相关，与NH_4^+-N显著正相关（$r=0.578$）。

表6-8　2018年S91土壤理化指标与水稻生理指标相关性分析结果

指标	速效磷	速效钾	NO_3^--N	NH_4^+-N	有机质	pH值	EC	Na^+	K^+
Chla	0.317	−0.334	0.452*	−0.186	−0.194	−0.595**	0.082	−0.409	−0.339
Chlb	0.305	−0.272	0.447*	−0.044	−0.163	−0.554**	−0.068	−0.485*	−0.289
Chla+b	0.316	−0.319	0.453*	−0.149	−0.187	−0.588**	0.042	−0.432	−0.327
类胡萝卜素	0.261	−0.307	0.369	−0.190	−0.225	−0.547*	0.026	−0.424	−0.328
Chla/b	−0.134	−0.183	−0.061	−0.462*	−0.129	0.171	0.508*	0.480*	−0.102
根系活力	0.016	0.257	0.047	−0.189	−0.020	−0.051	−0.277	−0.234	0.182
可溶性糖	−0.136	0.464*	−0.210	−0.063	0.263	−0.043	0.171	0.190	0.247
可溶性蛋白	0.042	−0.100	0.182	−0.355	−0.308	0.030	0.041	0.083	−0.148
MDA	−0.219	−0.138	0.084	0.398	−0.178	−0.115	0.131	0.002	−0.101
POD	0.090	0.140	0.120	−0.336	0.235	−0.356	0.350	0.102	0.333
CAT	−0.218	0.030	−0.197	0.454*	0.321	−0.040	0.059	0.045	0.231
SOD	−0.246	0.123	−0.269	0.427	0.404	−0.138	0.171	0.138	0.301
GS	−0.118	−0.199	0.193	0.578**	−0.325	0.378	−0.085	0.030	−0.055

不同时期对生理指标产生主要作用的土壤理化指标不同，如对叶绿素总量，S71为NH_4^+-N和有机质，S91为NO_3^--N、pH值；对CAT、SOD产生影响的主要指标由NO_3^--N、有机质变为NH_4^+-N。S71土壤理化指标对生理指标的影响程度强于S91，如S71时NO_3^--N与根系活力、可溶性蛋白显著正相关，而S91时相关性并不显著。综合分析可知，一方面随着时间延长，菌剂的影响力在减弱，另一方面，起主要作用的因子发生改变。施加菌剂10d内，土壤NO_3^--N、有机质起主要作用，而30d时NH_4^+-N起主要作用。

6.2.2.2　基于2019年结果进行分析

由表6-9可知，施加菌剂10d后，Chla与速效磷、NO_3^--N、有机质正相关，与NH_4^+-N负相关，但相关性均不显著；Chlb与速效磷正相关，与pH值负相关，但相关性均不显著；而叶绿素总量（Chla+b）与速效磷显著正相关（r=0.428），与pH值显著负相关（r=-0.391），类胡萝卜素也与速效磷显著正相关（r=0.385），与pH值负相关，但不显著；Chla/b与Na^+、K^+正相关；根系活力与NH_4^+-N负相关（r=-0.33），可溶性糖与NO_3^--N显著正相关（r=0.400），可溶性蛋白与速效磷显著负相关（r=-0.472），POD与NO_3^--N正相关（r=0.305），与NH_4^+-N负相关（r=-0.314），CAT与Na^+显著负相关（r=-0.541），GS与NO_3^--N正相关，与速效钾（r=-0.335）、pH值（r=-0.459）、Na^+（r=-0.551）负相关。可见，施加菌剂10d后，速效磷、NO_3^--N、pH值和Na^+对水稻生理指标影响较大。

表6-9　2019年S71土壤理化指标与水稻生理指标相关性分析结果

指标	速效磷	速效钾	NO_3^--N	NH_4^+-N	有机质	pH值	EC	Na^+	K^+
Chla	0.304	-0.102	0.347	-0.33	0.315	-0.113	0.171	-0.062	0.018
Chlb	0.34	0.116	0.239	0.034	-0.117	-0.34	0.065	-0.094	0.166
Chla+b	0.428*	0.07	0.267	0.27	-0.22	-0.391*	0.035	-0.117	0.185
类胡萝卜素	0.385*	0.105	0.261	0.11	-0.152	-0.374	0.059	-0.108	0.178
Chla/b	0.16	0.147	0.239	-0.161	-0.094	-0.19	0.131	0.322	0.34
根系活力	-0.195	0.077	-0.112	-0.33	0.11	0.134	-0.016	0.038	-0.04
可溶性糖	0.237	0.006	0.400*	0.161	-0.265	-0.228	0.017	-0.012	0.01
可溶性蛋白	-0.472*	0.011	-0.104	-0.073	0.033	0.16	-0.065	0.097	-0.137
MDA	-0.016	0.034	0.187	0.145	0.033	-0.039	0.161	-0.048	-0.124
POD	-0.149	-0.093	0.305	-0.314	0.103	-0.076	-0.084	0.067	0.12
CAT	0.213	-0.091	0.037	-0.255	0.232	-0.147	-0.187	-0.541**	-0.22
SOD	-0.074	-0.071	0.223	-0.275	-0.004	-0.053	-0.084	0.202	0.209
GS	0.258	-0.335	0.324	-0.21	0.27	-0.459*	0.023	-0.551**	-0.12

由表6-10可知，施加菌剂30d后，类胡萝卜素与Na^+负相关（r=-0.345），Chla/b与NO_3^--N显著正相关（r=0.528），与Na^+负相关（r=-0.347）；可溶

性糖与速效磷（r=0.444）、K^+（r=0.732）显著正相关，与pH值显著负相关（r=-0.541）；可溶性蛋白与速效钾（r=-0.441）、NO_3^--N（r=-0.534）显著负相关，与pH值负相关（r=-0.329），与Na^+、K^+正相关（r=0.383、0.346）；MDA与NO_3^--N负相关（r=-0.381），与Na^+正相关（r=0.352）；POD与速效钾显著正相关（r=0.471），与NH_4^+-N负相关（r=-0.386）；SOD与速效钾显著正相关（r=0.589），与NH_4^+-N负相关（r=-0.338）。可见，施加菌剂30d后叶绿素受土壤指标的影响较弱，可溶性糖和可溶性蛋白则易受到土壤指标影响。

表6-10　2019年S91土壤理化指标与水稻生理指标相关性分析结果

指标	速效磷	速效钾	NO_3^--N	NH_4^+-N	有机质	pH值	EC	Na^+	K^+
Chla	0.099	0.261	−0.01	−0.137	0.11	−0.112	−0.016	−0.094	0.143
Chlb	0.057	0.152	−0.298	−0.05	0.147	−0.166	0.07	0.124	0.187
Chla+b	0.091	0.233	−0.099	−0.115	0.126	−0.133	0.01	−0.032	0.162
类胡萝卜素	0.119	0.301	0.285	−0.241	0.005	−0.01	−0.123	−0.345	0.062
Chla/b	0.084	−0.006	0.528*	−0.032	−0.215	0.124	−0.173	−0.347	−0.118
根系活力	−0.006	0.174	0.139	−0.023	0.266	−0.191	0.089	0.075	0.285
可溶性糖	0.444*	−0.066	0.158	−0.104	0.247	−0.541*	0.113	0.161	0.732**
可溶性蛋白	0.029	−0.441*	−0.534*	0.29	0.036	−0.329	0.07	0.383	0.346
MDA	0.141	0.1	−0.381	0.036	−0.234	−0.049	0.246	0.352	0.031
POD	0.135	0.471*	−0.051	−0.386	0.037	0.115	0.256	0.11	−0.026
CAT	0.066	0.122	0.187	−0.055	−0.292	−0.201	0.032	0.068	0.108
SOD	0.163	0.589**	0.074	−0.338	−0.049	0.087	0.289	0.094	−0.076
GS	0.109	0.221	0.106	−0.061	0.022	0.014	0.021	0.125	0.083

6.2.2.3　叶片生理指标、土壤氮素与微生物菌剂的相关性

冗余分析准确地描述了土壤氮和微生物对叶片生理指标组成的影响（2018：pseudo-F=2.5 and P=0.038，2019：pseudo-F=2.5 and P=0.038）。由图6-5（a）可知，S71，基于枯草芽孢杆菌（*B. subtilis*）和酿酒酵母（*S.*

cerevisiae）的施用量，NO_3^--N与轴1呈正相关，15～25cm NH_4^+-N与轴1负相关；枯草芽孢杆菌、酿酒酵母、0～5cm NH_4^+-N的施用量与轴2呈正相关，而NO_3^--N和15～25cm NH_4^+-N与轴2呈负相关。前两个轴的特征值分别为0.364 1和0.251 0，生理指标与环境因子的相关系数分别为0.762 7和0.856 3。前两个轴解释了61.51%的生理指标变化程度。NO_3^--N、15～25cm NH_4^+-N、枯草芽孢杆菌和酿酒酵母的施用量解释的生理指标的变异程度分别为21.1%（P=0.014）、10.8%（P=0.074）、11.9%（P=0.034）和11.6%（P=0.03）。其他环境指标对生理指标影响不大。

由图6-5（b）可知，S71，枯草芽孢杆菌的施用量、5～15cm NO_3^--N和15～25cm的NO_3^--N、土壤平均NO_3^--N和土壤平均NH_4^+-N与轴1呈正相关；5～15cmNO_3^--N、15～25cm NO_3^--N和土壤平均NO_3^--N与轴2呈正相关；枯草芽孢杆菌的施用量、土壤平均NH_4^+-N、0～5cm NH_4^+-N和5～15cm NH_4^+-N以及酿酒酵母的施用量与轴2呈负相关。前两个轴的特征值分别为0.312 0和0.073 9。生理指标与环境因子的相关系数分别为0.745 7和0.702 6，前两个轴解释了38.59%的变异。枯草芽孢杆菌、NO_3^--N、酿酒酵母和15～25cm NH_4^+-N的施用量分别解释了22.8%（P=0.002）、5.3%（P=0.128）、6.9%（P=0.064）和4.6%（P=0.156）的生理指标变化。枯草芽孢杆菌是最重要的因子。

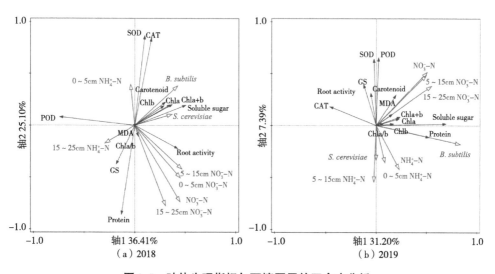

图6-5 叶片生理指标与环境因子的冗余度分析

6.3　微生物菌剂改变土壤细菌群落组成结构

土壤中蕴藏的巨大微生物多样性，被称为地球关键元素循环过程的引擎，是联系大气圈、水圈、岩石圈及生物圈物质与能量交换的重要纽带，维系着人类和地球生态系统的可持续发展（朱永官 等，2017）。土壤微生物的多样性和丰度受土壤结构、水热状况及通气性的直接影响（Asadu et al.，2015）。不同水分、土壤类型、肥料、种植方式等均能显著改变土壤细菌多样性，不同生育期土壤中的优势菌属也可能发生改变。变形菌门是细菌中最大的门，其中的许多类群可以进行固氮作用，并能够适应各种复杂的环境（Liu et al.，2014）。

高产水稻土根际微生物数量更多，代谢能力更强，微生物群落分布更均匀，多样化程度更高，能够利用的碳源种类更丰富，数量占比较大、种类较集中的常见种并不是形成产量优势的重要因素；分蘖期是高产水稻生长的关键时期，分蘖期根际微生物数量多、种类繁、代谢能力强、代谢类型多是高产水稻旺盛生长和高产形成的关键所在（潘丽媛 等，2016）。沙月霞（2018）认为不同水稻组织内生细菌具有丰富的群落多样性，其中叶部的内生细菌物种最丰富，根系参与各种代谢调控的细菌丰度最高，各个组织部位的优势菌属各不相同，而变形菌门是最重要的水稻内生细菌。

不同土壤耕作方式下稻田土壤微生物多样性存在较大差别（潘孝晨 等，2019）。张立成 等（2018）认为微生物群落结构组成与土壤耕作方式相关，稻—稻—油菜轮作增加了细菌群落丰度。张芳 等（2014）研究发现轮作的土壤环境微生物丰富度（Chao1和Ace）远高于连作，且连作后的土壤中放线菌的比例显著下降。随着沼灌年限的增加，稻田土壤微生物群落的物种丰富度逐渐降低，微生物群落的多样性也逐渐降低（朱金山 等，2018）。此外，不同的种植制度和作物类型（Bünemann et al.，2004）、不同土壤类型（Garland and Mills，1991）的土壤微生物群落结构均存在明显的差异。

早稻成熟期节水处理的土壤微生物Shannon指数高于早稻灌浆期淹水处理的；在晚稻分蘖盛期，直播、移栽、抛秧、机插4种栽培方式下节水灌溉处理的土壤微生物群落丰富度指数均高于淹水灌溉处理的；早稻和晚稻土壤变形菌在所有样品中所占的比例均在30.00%～40.00%，占主要优势，其次为绿弯菌和酸杆菌，所占比例分别为5.40%～14.90%、10.00%～16.10%（张文锋 等，2018）。分蘖期根际土壤的反硝化势显著低于非根际土壤，而孕穗期根际与非根际土壤的反硝化势没有显著性差异，在分蘖期和孕穗期，根际与非根际土壤中narG基因和nosZ基因的组成结构明显不同，与narG基因相比，根际更容易改变含nosZ基因的反硝化微生物群落组成结构（吴讷 等，2019）。张静 等（2019）发现控水处理水稻土壤优势群落主要为变形菌门、绿弯菌门、酸杆菌门、拟杆菌门，土壤样品中优势纲主要包括α-变形菌纲、β-变形菌纲、δ-变形菌纲、厌氧绳菌纲等。植稻淹水土壤的硝化潜势显著高于休耕冬干，植稻淹水刺激了全程氨氧化细菌（Complete ammonia oxidizers，Comammox）分支A（Clade A）、氨氧化细菌（Ammonia-oxidizing bacteria，AOB）和氨氧化古菌（Ammonia-oxidizing archaea，AOA）的生长（曹彦强 等，2019）。在干旱胁迫处理下，酸杆菌门（Acidobacteria）、α-变形菌纲（Alphaproteobacteria）、疣微菌门（Verrucomicrobia）、放线菌门（Actinobacteria）、TM7和泉古菌门（Crenarchaeota）的相对丰度显著升高，而δ-变形菌纲（Deltaproteobacteria）、硝化螺旋菌门（Nitrospirae）、OD1、绿菌门（Chlorobi）、螺旋菌门（Spirochaetes）、OP11和NCIO的相对丰度显著降低，韦海波 等（2018）发现长雄野生稻土壤细菌的优势门是变形菌门（Proteobacteria）、绿弯菌门（Chloroflexi）和酸杆菌门（Acidobacteria），相对丰度分别为24.3%～36.49%、11.94%～20.39%和8.9%～17.83%。

大量施肥，特别是大量施用化肥处理降低了水稻土壤微生物对碳源的利用能力和微生物多样性（刘明 等，2009）。不同的施肥处理对水稻根际土壤微生物的功能多样性产生了不同影响，长期有机肥配施化肥有利于维持稻田根际土壤微生物群落多样性（唐海明 等，2016）。陆海飞 等（2015）认为与不施肥相比，有机无机肥配施土壤细菌的香农指数和丰富度指数显著增大。有机无机肥处理下隶属于Clostridium（梭菌属）和Anaerolineaceae（厌氧绳菌科）的两类细菌显著增加，长期有机无机肥配施可显著提高土壤细菌多样性。贺文员 等（2018）研究发现施加生物有机肥（QD）后，在土壤基因组测序结果中变形菌门（Proteobacteria）、子囊菌门（Ascomycota）分别是细菌和真菌中的优势物种，α-多样性分析显示QD使用后真菌的多样性显著减少，细菌并没有明显变化。

再生水灌溉对土壤硝化螺旋菌门（Nitrospirae）、芽单胞菌门（Gemmatimonadetes）、厚壁菌门（Firmicutes）、变形菌门（Proteobacteria）和放线菌门（Actinobacteria）群落结构的影响明显；再生水灌溉能够促进与土壤碳、氮转化相关的微生物的增长，改变土壤微生物的群落结构（郭魏 等，2017）。沙月霞 等（2019）研究发现3种芽孢杆菌浸种处理可以显著改变水稻根部、茎部和叶部内生细菌群落结构，改善水稻生长的微生态环境。再生水中高浓度的碳、氮、磷含量是导致补水口细菌群落多样性显著升高和群落组成最为丰富的直接原因（邸琰茗 等，2017）。

6.3.1　2018年土壤细菌群落结构和功能预测

6.3.1.1　稀释曲线

施加菌剂处理收获时土壤细菌稀释性曲线如图6-6所示。从图6-6可以看出，随着序列数的增加，各处理稀释曲线趋于平缓，测量数量能够满足测序要求。

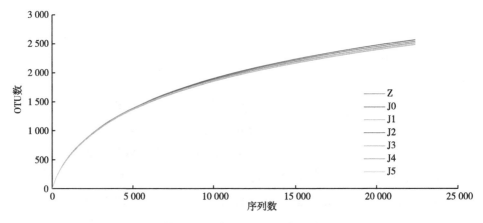

图6-6　施加菌剂处理收获时土壤细菌稀释性曲线

6.3.1.2　土壤细菌多样性分析

收获时，各处理土壤Sobs、Shannon、Simpson、Ace、Chao、Coverage

多样性指数见表6-11。分析表6-11可知，除J0处理外，其他处理Sobs、
Chao、Ace指数均低于Z处理；J0、J1、J3、J5处理Shannon指数低于Z处
理；J0处理Ace指数高于Z处理，其余处理低于Z处理；各处理多样性指数均
无显著差别。

表6-11　施加菌剂处理土壤细菌群落多样性指数

处理	Sobs	Shannon	Simpson	Ace	Chao	Coverage
Z	2 566.67 ± 56.57a	6.77 ± 0.041a	0.002 6 ± 0.000 21a	3 418.03 ± 135.06a	3 396.91 ± 170.7a	0.96 ± 0.002 2a
J0	2 571 ± 49.87a	6.75 ± 0.059a	0.002 7 ± 0.000 23a	3 462.14 ± 65.33a	3 433.75 ± 81.9a	0.96 ± 0.001 2a
J1	2 521.33 ± 59.37a	6.72 ± 0.05a	0.002 8 ± 0.000 38a	3 374.12 ± 129.09a	3 353.89 ± 114.36a	0.96 ± 0.001 9a
J2	2 541 ± 48.75a	6.77 ± 0.025a	0.002 6 ± 0.000 18a	3 373.34 ± 151.6a	3 346.38 ± 107.5a	0.96 ± 0.002 5a
J3	2 480 ± 19.92a	6.72 ± 0.055a	0.002 8 ± 0.000 35a	3 284.9 ± 1.79a	3 284.12 ± 28.84a	0.96 ± 0.000 5a
J4	2 513.33 ± 71.82a	6.78 ± 0.028a	0.002 4 ± 0.000 12a	3 317.96 ± 125.23a	3 302.16 ± 129.47a	0.96 ± 0.002a
J5	2 494.33 ± 64.75a	6.74 ± 0.049a	0.002 7 ± 0.000 13a	3 276.08 ± 24.08a	3 251.84 ± 29.27a	0.96 ± 0.000 9a

6.3.1.3　土壤细菌物种数量（OTUs）

收获时各处理土壤OTUs交叠Venn图如图6-7所示。从图6-7可以看出，
Z、J0、J1、J2、J3、J4、J5处理土壤所含细菌OTUs分别为3 601、3 670、
3 554、3 639、3 634、3 621、3 602，除J1处理外，其余处理细菌种类均比
Z处理增加。Z、J1、J2、J3、J4、J5这6个处理共有的细菌种类为2 282，独
有的分别为58、60、69、80、53、75；J0、J1、J2、J3、J4、J5处理共有的
为2 269，独有的分别为84、47、56、79、43、75。恢复清水有利于增加土
壤OTUs，枯草芽孢杆菌、酵母菌混合施加也可以增加土壤OTUs。

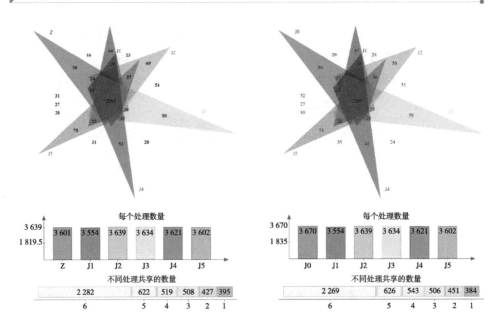

图6-7　各处理土壤OTUs交叠Venn图

6.3.1.4　土壤细菌群落组成

各处理土壤中细菌在门水平上的物种成分分布如图6-8所示。

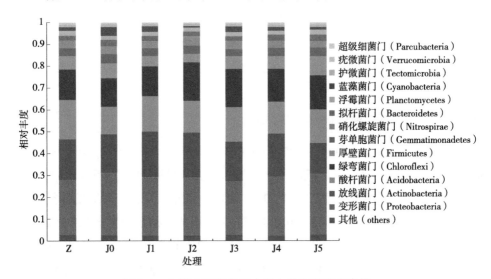

图6-8　土壤中细菌在门水平上的物种成分变化

从图6-8可以看出，不同处理土壤细菌类群主要以变形菌门（Proteobacteria）、放线菌门（Actinobacteria）、酸杆菌门（Acidobacteria）、绿弯菌门（Chloroflexi）为主，Proteobacteria占比超过1/4,厚壁菌门（Firmicutes）、芽单胞菌门（Gemmatimonadetes）、硝化螺旋菌门（Nitrospirae）、拟杆菌门（Bacteroidetes）、浮霉菌门（Planctomycetes）、蓝藻菌门（Cyanobacteria）等占比在0.016 4～0.061 8。除J3处理外，其余处理Proteobacteria比例均高于Z处理，其中J0增幅最大，处理间差异不显著；与Z处理相比，J0、J3、J5处理降低了Actinobacteria比例，其余处理增加了Actinobacteria比例，其中J5处理与Z处理、J1、J2、J4处理差异显著；J0～J5处理Acidobacteria处理比例均低于Z处理，差异不显著；J0、J1处理Chloroflexi比例低于Z处理，其余处理占比高于Z处理，其中J2、J3处理显著高于Z、J0、J1处理；J0、J5处理Firmicutes占比分别增加了10.52%、42.23%，J1～J4处理分别降低了23.30%、35.92%、5.02%、5.66%，其中J5处理与Z、J1、J2、J3、J4处理差异显著，J2处理显著低于J0处理；J3处理Gemmatimonadetes、Bacteroidetes占比低于Z处理，其余处理则高于Z处理，其中J3处理显著低于J0处理；J0、J5处理护微菌门（Tectomicrobia）占比分别增加了17.58%、6.59%，J1～J4处理分别降低了18.68%、19.78%、20.88%、6.59%，其中J1、J2、J3处理显著低于J0处理。J0～J5处理其余门细菌与Z处理无显著差异。

各处理土壤中细菌在纲水平上的物种成分分布如图6-9所示。从图6-9可以看出，各处理土壤纲水平细菌类群主要以Actinobacteria、Acidobacteria、Alphaproteobacteria为主，占比均超过0.1；Deltaproteobacteria、Bacilli、Betaproteobacteria、Anaerolineae、Gemmatimonadetes、Nitrospira、Gammaproteobacteria、Thermomicrobia、KD4-96、Cyanobacteria等占比在0.016 4～0.051 9。与Z处理相比，J0、J3、J5处理Actinobacteria占比分别降低了4.76%、1.89%、24.27%，其余处理均高于Z处理，其中J5处理与Z、J1、J2、J4处理差异显著；J0～J5处理Acidobacteria占比均低于Z处理，但差异不显著；J3处理Alphaproteobacteria占比降低了10.42%，其余处理占比均增加，但差异均不显著；J1处理Deltaproteobacteria占比降低了13.10%，其余处理均增加，其中J5处理显著高于J1处理；J0、J5处理Bacilli占比分别增加了6.74%、45.91%，J1～J4处理分别降低了24.95%、38.92%、16.57%、10.18%，其中J5处理显著高于Z、J1、J2、J3、J4处理，J0处理显著高于

J1、J2处理；J3处理Gemmatimonadetes占比显著低于Z处理，其余处理占比均高于Z处理；J0、J4、J5处理KD4-96占比分别降低了9.68%、1.84%、17.51%，J1～J3处理分别增加了25.81%、43.78%、29.49%，其中J3处理与J0和J5差异显著；其余纲水平细菌占比差异不明显。

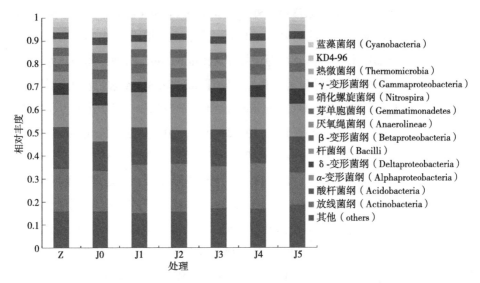

图6-9　土壤中细菌在纲水平上的物种成分变化

土壤细菌在属水平上的丰度如图6-10所示。

由图6-10可知，各处理优势菌属为norank_c_Acidobacteria、Bacillus、norank_f_MSB-1E8、Nitrospira、norank_f_Anaerolineaceae、norank_c__KD4-96等。与Z处理相比，J0～J5处理norank_c_Acidobacteria丰度均有所降低，其中J0处理降幅最大；J0、J5处理Bacillus丰度高于Z处理，其余处理均低于Z处理，其中J1处理丰度最低；J1、J2处理增加了norank_f_MSB-1E8丰度，其余处理则降低，其中J5处理丰度最低；J2、J3处理增加了Nitrospira丰度，其余处理则降低，J5处理丰度最低；J2、J3、J5处理norank_f_Anaerolineaceae丰度高于Z处理，J3处理最高，J0处理最低；J1、J2、J3处理norank_c_KD4-96丰度高于Z处理，其余处理低于Z处理，其中J2处理最高，J5处理最低；J0、J5处理norank_o_JG30-KF-CM45丰度高于Z处理，其余处理低于Z处理，其中J4处理最低；除J0、J1处理外，其余处理norank_f_Gemmatimonadaceae丰度均低于Z处理；J0～J5处理norank_o_

Gaiellales、Gaiella、norank_c_Actinobacteria、norank_o_Acidimicrobiales、unclassfied_f_Nocardioidaceae丰度均高于Z处理；除J2处理外，其余处理norank_f__Nitrosomonadaceae丰度均高于Z处理；J0～J5处理Sphingomonas、H16、norank_c_Gemmatimonadetes、Bryobacter、norank_f_OM1_clade丰度均低于Z处理。恢复清水灌溉降低了norank_c_Acidobacteria、Bacillus、

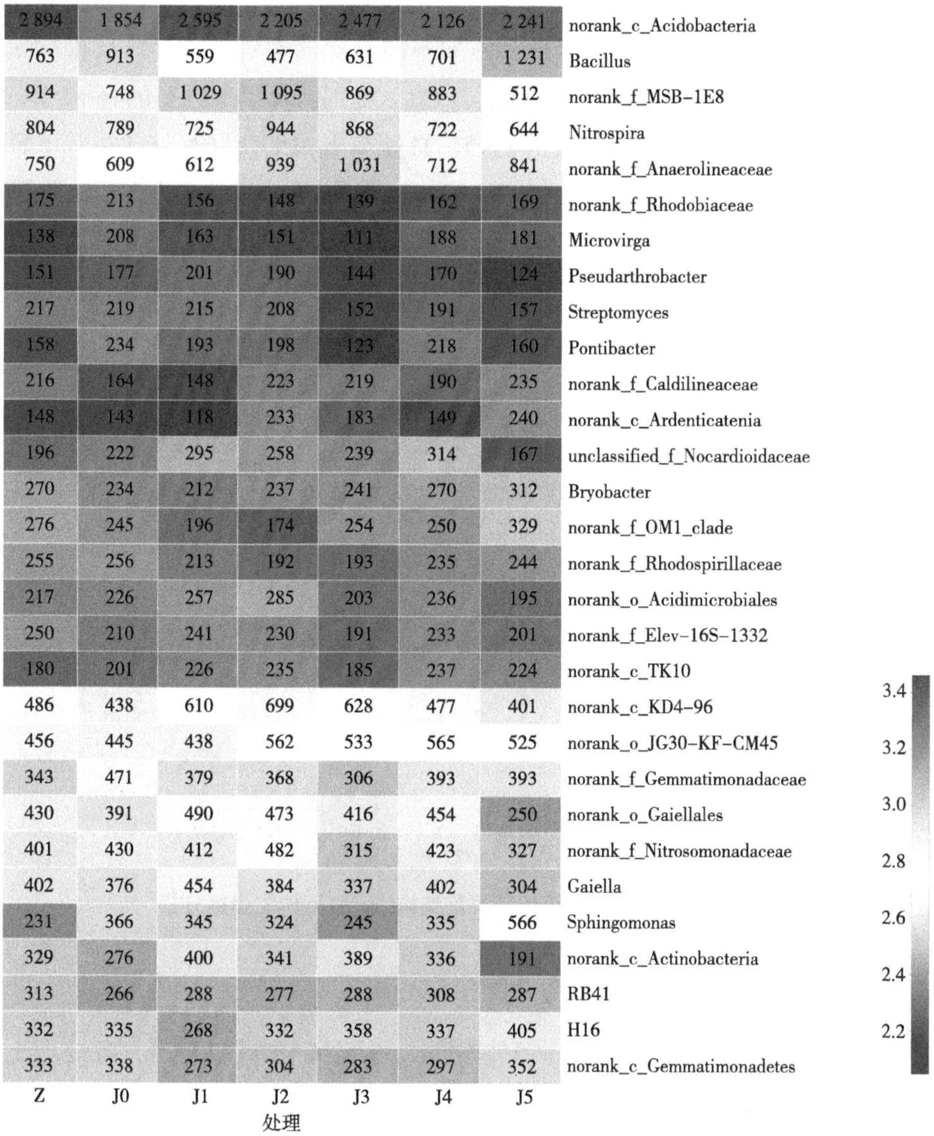

Z	J0	J1	J2	J3	J4	J5	
2 894	1 854	2 595	2 205	2 477	2 126	2 241	norank_c_Acidobacteria
763	913	559	477	631	701	1 231	Bacillus
914	748	1 029	1 095	869	883	512	norank_f_MSB-1E8
804	789	725	944	868	722	644	Nitrospira
750	609	612	939	1 031	712	841	norank_f_Anaerolineaceae
175	213	156	148	139	162	169	norank_f_Rhodobiaceae
138	208	163	151	111	188	181	Microvirga
151	177	201	190	144	170	124	Pseudarthrobacter
217	219	215	208	152	191	157	Streptomyces
158	234	193	198	123	218	160	Pontibacter
216	164	148	223	219	190	235	norank_f_Caldilineaceae
148	143	118	233	183	149	240	norank_c_Ardenticatenia
196	222	295	258	239	314	167	unclassified_f_Nocardioidaceae
270	234	212	237	241	270	312	Bryobacter
276	245	196	174	254	250	329	norank_f_OM1_clade
255	256	213	192	193	235	244	norank_f_Rhodospirillaceae
217	226	257	285	203	236	195	norank_o_Acidimicrobiales
250	210	241	230	191	233	201	norank_f_Elev-16S-1332
180	201	226	235	185	237	224	norank_c_TK10
486	438	610	699	628	477	401	norank_c_KD4-96
456	445	438	562	533	565	525	norank_o_JG30-KF-CM45
343	471	379	368	306	393	393	norank_f_Gemmatimonadaceae
430	391	490	473	416	454	250	norank_o_Gaiellales
401	430	412	482	315	423	327	norank_f_Nitrosomonadaceae
402	376	454	384	337	402	304	Gaiella
231	366	345	324	245	335	566	Sphingomonas
329	276	400	341	389	336	191	norank_c_Actinobacteria
313	266	288	277	288	308	287	RB41
332	335	268	332	358	337	405	H16
333	338	273	304	283	297	352	norank_c_Gemmatimonadetes

处理

图6-10 土壤中细菌在属水平上的丰度

norank_f_Anaerolineaceae丰度，而施加不同配比菌剂对细菌丰度的影响存在较大差别，如J2、J3、J4处理增加了norank_c_Acidobacteria，J5处理增加了norank_f_MSB-1E8、Nitrospira、norank_f_Anaerolineaceae、norank_c_KD4-96丰度；虽然各处理不同优势菌属丰度存在差异，但整体细菌丰度仍无明显差别。

通过计算土壤细菌群落结构bray-curtis距离，进行主坐标分析，结果如图6-11所示。从图6-11可以看出，施加不同配比菌剂对细菌群落结构有显著影响。主坐标1（PC1）、主坐标2（PC2）分别解释了总方差的15.82%、14.06%，二者共解释了29.88%的变异。J1处理土壤细菌群落分布在右下象限，其他处理均跨象限分布；J1、J2、J3处理分布在PC1的正方向，J5处理分布在PC1的负方向，Z、J0、J4处理横跨正负方向。J0、J4、J5处理离散度相对较大，J1处理离散度最小。

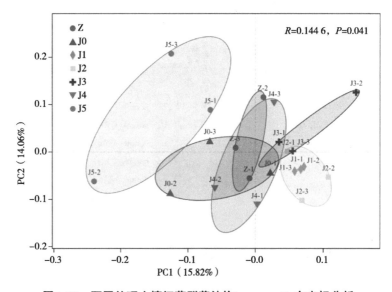

图6-11 不同处理土壤细菌群落结构bray-curtis主坐标分析

6.3.1.5 基于16S的土壤微生物功能预测分析

不同土壤COG功能分类如图6-12所示。从图6-12可以看出，各处理土壤细菌COG功能丰度较为一致，且主要功能包括能源生产和转换，氨基酸转运与代谢，碳水化合物运输和代谢，翻译、核糖体结构与生物发生，转录，复制、重组和修复，细胞壁/膜/包膜生物发生，无机离子转运与代谢，一般功能性预测，信号转导机制以及一些未知功能等，其余功能丰度占比相对较小。

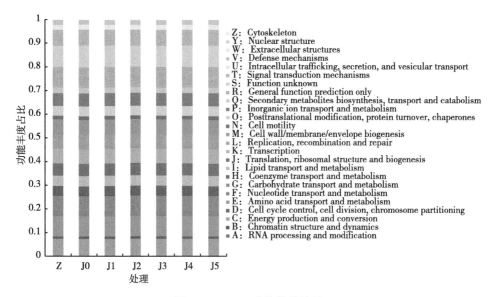

图6-12 COG功能分类统计

不同处理KEGG代谢通路丰度如图6-13所示。分析图6-13可知，各处理细菌代谢过程富集的通路主要包括膜传输（Membrane transport）、氨基酸代谢（Amino acid metabolism）、碳水化合物代谢（Carbohydrate metabolism）、复制和修复（Replication and repair）、能量代谢（Energy metabolism）、难以分类的功能（Poorly characterized）等。J0~J5处理所有功能丰度均与Z处理差异不显著；J3处理所有功能丰度、J5处理除细胞过程和信号（Cellular processes and signaling）、细胞运动（Cell motility）丰度外的其他功能丰度均低于Z处理。J0、J1、J2、J4多数功能丰度如膜传输、氨基酸代谢、碳水化合物代谢、复制和修复、能量代谢、新陈代谢（Metabolism）、遗传信息处理（Genetic information processing）、转录（Transcription）、萜类化合物和聚酮类化合物的代谢（Metabolism of terpenoids and polyketides）等功能丰度均高于Z处理。J1处理能量代谢、细胞过程和信号、新陈代谢、遗传信息处理、信号转导（Signal transduction）、酶家族（Enzyme families）等功能丰度均显著高于J3处理；

J1处理能量代谢功能丰度显著高于J5处理；J0处理细胞过程和信号功能、信号转导丰度显著高于J3处理；J1处理新陈代谢、遗传信息、酶家族功能丰度显著高于J5处理。综上可知，恢复清水灌溉和施加菌剂均不能显著提高细菌代谢功能丰度，但不同配比的菌剂处理间存在差异，与单施酵母菌或酵母菌与枯草芽孢杆菌等质量混施相比，单施枯草芽孢杆菌部分功能丰度显著增加。

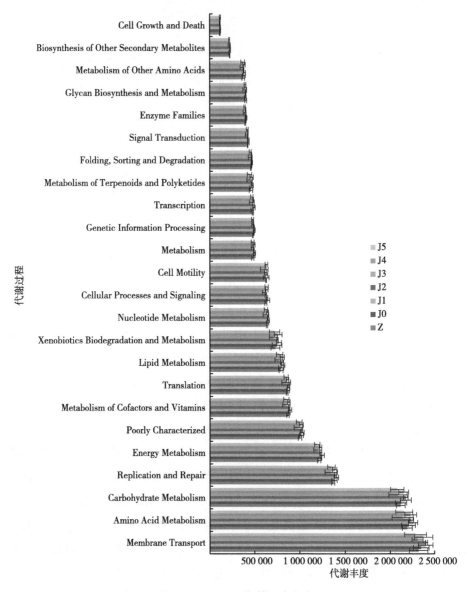

图6-13　KEGG代谢通路丰度

6.3.2 2019年土壤细菌群落结构和功能预测

6.3.2.1 稀释曲线

施加菌剂处理收获时土壤细菌稀释性曲线如图6-14所示。从图6-14可以看出，随着序列数的增加，各处理Chao1指数稀释曲线趋于平缓，测量数量能够满足测序要求。

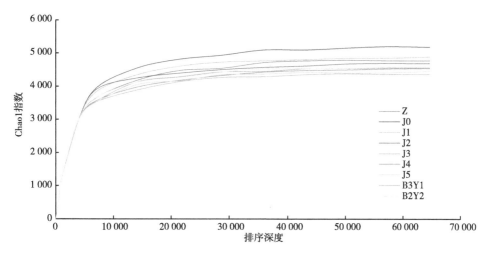

图6-14 施加菌剂处理收获时土壤细菌Chao1指数稀释性曲线

6.3.2.2 微生物多样性指数

收获时，各处理土壤Shannon、Simpson、Chao1、Goods_coverage、Pielou_e多样性指数见表6-12。分析表6-12可知，J0处理Shannon较Z处理显著降低了0.52%，其余处理与Z处理差异不显著；J1、J2处理Shannon指数均高于Z处理，其他处理低于Z处理，其中J0处理与Z处理和施加菌剂处理差异显著；各处理Chao1指数均无显著差别。J0处理Goods_coverage、Pielou_e指数均低于Z处理，其余处理高于Z处理，其中J0处理Goods_coverage指数与J3处理差异显著，J0处理Pielou_e指数与其他处理差异均显著。

表6-12 土壤细菌细菌多样性指数

处理	Simpson	Shannon	Chao1	Goods_coverage	Pielou_e
Z	0.998 8a	10.95a	4 776.22a	0.992 3ab	0.901a

（续表）

处理	Simpson	Shannon	Chao1	Goods_coverage	Pielou_e
J0	0.993 6b	10.43b	5 205.93a	0.990 4b	0.854b
J1	0.998 8a	11.00a	4 865.22a	0.993 4ab	0.903a
J2	0.998 7a	10.96a	4 685.49a	0.993 7ab	0.903a
J3	0.998 3a	10.85a	4 364.27a	0.994 7a	0.901a
J4	0.998 8a	10.91a	4 538.79a	0.993 3ab	0.903a
J5	0.998 8a	10.94a	4 443.04a	0.994 3ab	0.907a
B3Y1	0.998 6a	10.89a	4 557.05a	0.993 8ab	0.901a
B2Y2	0.998 8a	10.94a	4 585.17a	0.993 6ab	0.904a

6.3.2.3 土壤细菌群落组成

各处理土壤中细菌在门水平上的物种成分变化如图6-15所示。从图6-15可以看出，各处理Proteobacteria、Acidobacteria、Gemmatimonadetes、Actinobacteria占比较高，均超过0.09，其中Proteobacteria占比在0.4左右；Bacteroidetes、Chloroflexi、Rokubacteria、Nitrospirae、Patescibacteria、Planctomycetes占比在0.011~0.067。与Z处理相比，J0、J1、B3Y1处理Proteobacteria占比分别增加了1.31%、0.54%、8.48%，其余处理降低了0.44%~9.50%，各处理与Z处理差异均不显著，但B3Y1处理显著高于J3处理；各处理Acidobacteria占比均低于Z处理，其中J0、J3处理分别显著降低了20.35%、21.34%；各处理Gemmatimonadetes占比均低于Z处理，其中J0、J4、B3Y1处理分别显著降低了28.31%、22.08%、32.62%；除J1处理外，其余处理Actinobacteria占比均低于Z处理，其中B3Y1、B2Y2处理分别显著降低了52.15%、43.10%，且B3Y1处理显著低于J0、J1、J2、J3、J5处理；除J5处理外，其余处理Bacteroidetes占比增加了20.33%~67.28%，其中B2Y2处理显著高于J5处理；各处理Rokubacteria占比均低于Z处理，其中J0、J3、B3Y1处理分别显著降低了32.35%、26.11%、28.65%；各处理Cyanobacteria占比增加了0.78~4.95倍，其中B3Y1与Z、J5处理差异显著；

各处理Planctomycetes占比增加了10.43%～127.18%，其中J4处理占比显著高于Z处理和J1处理。各处理Patescibacteria、Firmicutes占比均高于Z处理，J1、J4、J5、B3Y1、B2Y2处理Chloroflexi占比均高于Z处理，除J0、J1处理外其余处理Nitrospirae占比均高于Z处理；除J2处理外，其余处理Latescibacteria占比高于Z处理，但与Z处理差异均不显著。综上可知，恢复清水灌溉和施加菌剂一定程度上降低了Acidobacteria、Gemmatimonadetes、Actinobacteria的占比，但增加了Nitrospirae、Patescibacteria、Firmicutes的占比，但并未显著降低Proteobacteria的占比。

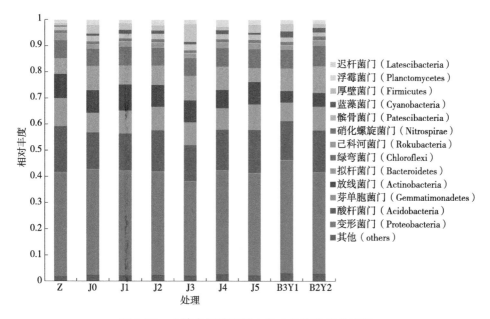

图6-15　土壤中细菌在门水平上的物种成分变化

各处理土壤中细菌在纲水平上的物种成分变化如图6-16所示。从图6-16可以看出，各处理纲水平主要细菌成分包括Gammaproteobacteria、Alphaproteobacteria，占比分别为0.189 1、0.141 0，其他物种成分Acidobacteria（Subgroup 6）、Deltaproteobacteria、Gemmatimonadetes、Bacteroidia、Blastocatellia（Subgroup 4）、Thermoleophilia占比在0.036 5～0.084 0，其余成分占比在0.011 8～0.027 1。与Z处理相比，B3Y1处理Gammaproteobacteria占比增加了9.32%，其余处理均降低，但差异不显著，其中J0、J3、J4处理显著低于B3Y1处理；J0、J1、J2、J4、J5、B3Y1、B2Y2处理Alphaproteobacteria

占比分别增加了33.77%、6.47%、7.30%、14.76%、2.56%、6.27%、0.29%，而J3处理降低了4.35%，其中J0处理显著高于Z、J1、J2、J3、J5、B3Y1、B2Y2处理；J0~J5、B3Y1、B2Y2处理Acidobacteria（Subgroup 6）、Gemmatimonadetes、Blastocatellia（Subgroup 4）、Thermoleophilia、NC10、Rhodothermia均低于Z处理，J0、J3、B3Y1、B2Y2处理Acidobacteria（Subgroup 6）占比，J0、J1、J4、B3Y1处理Gemmatimonadetes占比，J3处理Blastocatellia（Subgroup 4）占比，B3Y1、B2Y2处理Thermoleophilia占比，J0、J3、B3Y1NC10占比，J0处理Rhodothermia占比均与Z处理差异显著；J0、J2、J3、J4处理Deltaproteobacteria占比分别降低了23.85%、7.78%、13.48%、10.31%，J1、J5、B3Y1、B2Y2处理则分别增加了1.74%、3.80%、10.73%、0.21%，其中J0显著低于Z处理和B3Y1、B2Y2处理，J3、J4处理与B3Y1处理差异显著；J0、J1处理Actinobacteria占比分别增加了60.09%、11.24%，其余处理则降低了22.14%~51.08%，但各处理与Z处理差异均不显著，而J0处理显著高于J3、J4、J5、B3Y1、B2Y2处理；J0、J1、J2、J3、J4、J5、B3Y1、B2Y2处理细菌others纲占比分别比Z处理增加了18.40%、17.62%、19.37%、45.71%、20.27%、22.31%、35.02%、23.83%，其中J3处理显著

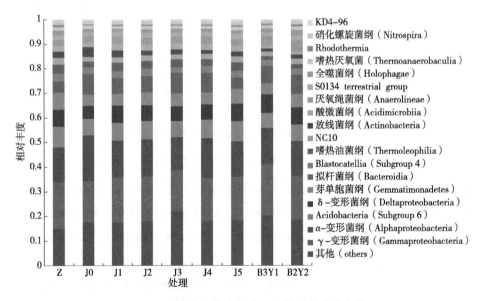

图6-16 土壤中细菌在纲水平上的物种成分变化

高于Z处理。综上可知，恢复清水灌溉并施加菌剂处理可以显著影响细菌纲水平种类；土壤细菌纲水平主要种类有所降低，如Gammaproteobacteria、Acidobacteria（Subgroup 6）等，但Bacteroidia、Anaerolineae和others纲有不同程度增加。

各处理土壤中细菌在属水平上的物种丰度如图6-17所示。从图6-17可以看出，各处理优势菌属为Acidobacteria_unclassified_Subgroup 6、Gemmatimonadaceae_uncultured、Sphingomonas、MND1，Rokubacteriauncultured bacterium、RB41、Pseudomonas、Gaiella、Thermoanaerobaculaceae_Subgroup 10、

Z	J0	J1	J2	J3	J4	J5	B3Y1	B2Y2	
5 328	6 724	5 456	5 247	4 117	4 868	5 085	3 948	4 242	Acidobacteria_unclassified Subgroup 6
4 194	4 421	3 320	3 505	3 054	3 048	3 711	2 607	3 057	Gemmatimonadaceae_uncultured
2 613	6 378	2 378	2 604	2 392	2 489	1 609	3 403		Sphingomonas
2 398	2 161	1 975	2 110	2 052	1 794	2 091	1 577	1 870	MND1
1 849	2 189	1 879	1 778	1 418	1 680	1 673	1 427	1 540	Rokubacteria_uncultured bacterium
1 776	2 352	1 686	1 867	1 237	1 555	1 538	1 266	1 308	RB41
925	1 499	1 401	557	623	677	583	567	539	Pseudomonas
1 588	1 504	1 424	1 323	1 139	1 222	1 421	634	735	Gaiella
1 049	1 524	1 083	1 166	805	885	1 095	1 059	1 004	Thermoanaerobaculaceae_Subgroup 10
1 087	1 170	866	1 008	968	879	910	1 079	1 351	Ellin6067
931	5 520	801	657	362	279	442	473	449	Ochrobactrum
760	836	554	675	632	521	620	691	1 006	Holophagae_unclassified Subgroup 7
771	1 201	901	941	786	869	854	818	969	Nitrospira
806	1 413	1 536	1 069	936	841	970	930	1 168	Geminicoccaceae_uncultured
891	1 401	1 118	1 100	845	615	966	708	952	Lysobacter
679	1 011	986	873	660	760	797	523	649	S0134 terrestrial group_uncultured bacterium
471	330	364	285	295	267	314	316	560	Rhodothermaceae_uncultured
568	416	642	447	476	449	460	361	563	Steroidobacter
632	694	938	735	1334	1012	679	739	670	Microscillaceae_g_uncultured
619	920	662	649	498	791	688	542	774	Azospirillales_uncultured bacterium
501	533	467	351	317	482	398	749	705	unclassified Burkholderiaceae
399	462	349	354	296	480	353	821	540	Steroidobacteraceae_g_uncultured
552	810	672	575	592	569	439	562	771	Gemmatimonas
581	618	757	584	521	576	641	499	662	uncultured Gemmatimonadetes bacterium
580	593	503	505	545	418	467	567	512	TRA3-20_g_unclassified TRA3-20
413	320	220	261	185	149	258	135	130	BIrii41_g_uncultured bacterium
658	574	452	470	414	618	563	255	485	Dongia
471	424	424	505	310	393	385	581	937	Pontibacter
515	437	250	416	286	388	369	231	233	uncultured Acidobacteria bacterium
353	352	302	266	315	266	226	263	246	Altererythrobacter
483	608	606	495	422	419	510	252	376	KD4-96_uncultured bacterium
523	831	835	578	482	400	464	469	655	Longimicrobiaceae_g_uncultured bacterium
401	338	309	270	360	243	234	386	454	Subgroup 7_uncultured Acidobacteria bacterium
454	428	408	406	360	357	434	440	446	unclassified Deltaproteobacteria
400	447	382	352	319	365	422	255	263	Gammaproteobacteria unclassified CCD24
356	535	372	336	255	386	253	551	388	A4b_g_uncultured bacterium
339	650	455	466	258	461	443	355	337	Desulfarculaceae_g_uncultured
513	4 687	419	315	173	142	172	198	197	Vibrionimonas
433	543	825	587	415	391	470	314	251	Haliangium
360	340	588	804	432	289	328	375	413	Ralstonia
300	947	277	218	277	222	113	148	263	Limnobacter
464	630	382	406	272	479	239	425	283	unclassified Sphingomonadaceae
263	339	370	282	212	399	271	331	225	Blastocatellaceae_g_uncultured
331	374	341	314	224	296	247	388	570	Ramlibacter
237	293	253	254	213	210	215	205	235	AKAU4049_uncultured soil bacterium
400	622	524	553	393	519	705	421	271	SWB02
299	347	272	234	264	260	272	263	436	Flavisolibacter
267	13	305	68	170	467	86	47	113	Gallionellaceae_unclassified Gallionellaceae
342	425	268	256	250	317	340	189	201	uncultured gamma proteobacterium
150	34	24	34	36	44	10	56	210	Ignavibacterium
255	457	322	358	241	1241	302	894	572	Saprospiraceae_uncultured
256	360	208	230	221	227	224	170	191	Acidobacteria_uncultured microorganism
283	263	449	270	366	208	266	198	268	Luteimonas
Z	J0	J1	J2	J3	J4	J5	B3Y1	B2Y2	

图6-17　土壤中细菌在属水平上的丰度

Ellin6067等菌属占比也较高。J0、J1处理Acidobacteria_unclassified_Subgroup 6占比高于Z处理，J2、J3、J4、J5、B3Y1、B2Y2处理低于Z处理；除J0处理外，其余处理Gemmatimonadaceae_uncultured、Sphingomonas、Ellin6067、Ochrobactrum、unclassified_TRA3-20占比均低于Z处理。J0～J5、B3Y1、B2Y2处理MND1、Gaiella、Rhodothermaceae_uncultured、BIrii41g_uncultured bacterium、Dongia、Subgroup 7_uncultured Acidobacteria bacterium、unclassified_Deltaproteobacteria占比均低于Z处理；而Nitrospira、Geminicoccaceae_uncultured、Microscillaceae_uncultured占比高于Z处理；J0、J1、J2处理Lysobacter、S0134 terrestrial group_uncultured bacterium、Azospirillales_uncultured bacterium、Gemmatimonas、uncultured Gemmatimonadetes bacterium、KD4-96_uncultured bacterium、Longimicrobiaceae_uncultured bacterium、Desulfarculaceae_uncultured、SWB02、Saprospiraceae_uncultured占比均高于Z处理。J0处理Sphingomonas、Ochrobactrum、Vibrionimonas占比比Z处理和其他处理高。恢复清水灌溉增加土壤主要菌属丰度；施加菌剂降低了土壤主要菌属占比，其他占比较低的菌属有所增加。

通过计算土壤细菌群落结构bray-curtis距离，进行主坐标分析，结果如图6-18所示。从图6-18可以看出，第一主轴、第二主轴分别解释了土壤细菌结构变异的11.1%、8.5%。B3Y1、B2Y2处理群落分布在第一主轴的正方向，J1、J3、J4处理分布在第一主轴的0左右，Z、J0、J2、J5处理分布在第一主轴的负方向。J0处理群落结构分布在左下象限，且

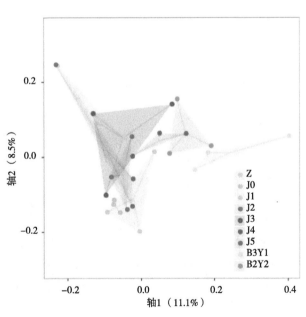

图6-18　土壤细菌群落结构bray-curtis主坐标分析

离散度较小，其余处理均跨象限分布。说明施加不同配比菌剂对土壤群落结构的影响存在较大的不稳定性；再生水灌溉时施加菌剂对土壤细菌群落结构的影响强于清水灌溉时施加菌剂。

6.3.2.4 基于16S的土壤微生物功能预测分析

施加菌剂后土壤细菌KEGG代谢通路丰度如图6-19所示。分析图6-19可知，各处理土壤主要代谢功能丰度为外源生物降解与代谢、其他次生代谢

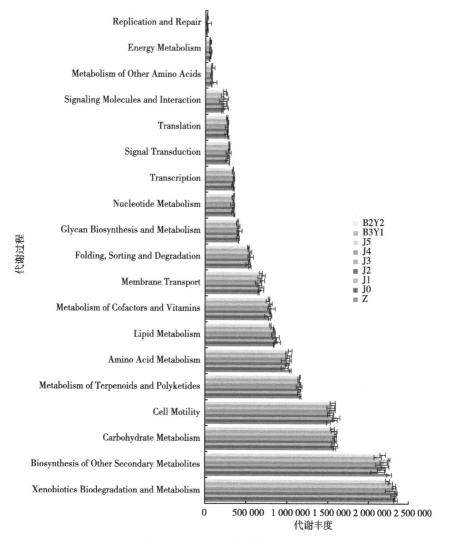

图6-19 KEGG代谢通路丰度

产物的生物合成、碳水化合物代谢、细胞活力、萜类化合物和聚酮类化合物代谢、氨基酸代谢、脂质代谢、辅酶与维生素代谢、膜转运等。除J2处理外，其余处理外源生物降解与代谢丰度均低于Z处理，其中J3、B3Y1、B2Y2处理显著低于Z处理和J2处理；除J5处理外，其余处理其他次生代谢产物的生物合成功能丰度较Z处理降低了2.29%～6.39%，其中J0、B3Y1处理显著低于Z、J5处理；J0、J2、J4、J5处理碳水化合物代谢丰度高于Z处理，其余低于Z处理，但差异不显著；J0、J1、J2、J3、J4、J5、B3Y1、B2Y2处理细胞活力丰度分别增加了5.25%、6.47%、1.66%、1.93%、3.29%、1.87%、3.54%、3.40%，其中J0、J1处理与Z处理差异显著；J0、J1、J2、J3、J4、J5、B3Y1、B2Y2处理萜类化合物和聚酮类化合物代谢、氨基酸代谢丰度均低于Z处理；J3、B3Y1、B2Y2处理脂质代谢丰度分别降低了0.70%、1.95%、4.86%，其余处理均高于Z处理，其中J0处理显著高于Z处理，B2Y2显著低于Z处理；各处理辅酶与维生素代谢功能丰度差异较小；除J3处理外，其余处理膜转运功能丰度均高于Z处理，其中B3Y1处理显著高于Z、J3处理。与Z处理相比，清水灌溉和施加菌剂处理降低了核苷酸代谢、转化功能丰度，但增加了信号分子与相互作用、能量代谢、复制与修复功能丰度。

6.3.3　土壤细菌群落结构与土壤物理指标的关系

2018年土壤细菌门水平和属水平主要组成（前10）与土壤物理指标（3层土壤均值）的冗余分析（RDA）结果如图6-20所示。从图6-20（a）可以看出，第一轴和第二轴分别解释了细菌组成变化的36.79%和15.34%，NO_3^--N（P=0.03）和速效钾（AK，P=0.018）对细菌组成的影响最大；NO_3^--N与Firmicutes高度正相关，与Acitinobacteria高度负相关；速效钾、K^+与Protebacteria、Gemmatimonadetes、Bacteroidetes高度负相关，与Chloroflexi和Acidobacteria高度正相关；有机质（OM）与Planctomycetes高度正相关，与Proteobacteria、Nitrospirae、Actinobacteria负相关；NH_4^+-N与Proteobacteria、Nitrospirae、Actinobacteria正相关，与Planctomycetes、Acidobacteria负相关；土壤含水率与Acitinobacteria、Chloroflexi、Actinobacteria正相关，与Planctomycetes、Gemmatimonadetes、Bacteroidetes、

Firmicutes负相关。

从图6-20（b）可以看出，第一轴和第二轴分别解释了细菌组成变化的43.97%和13.86%，NO$_3^-$-N（P=0.008）和速效钾（AK，P=0.08）对细菌组成的影响最大；NO$_3^-$-N与Bacillues高度正相关，与Nitrospira、norank_f_MSB-IE8、g_f_Nitrosomonadaceae、Gaiella、g_o_Gaiellales、g_c_KD496高度负相关；EC与norank_f_Anaerolineaceae、norank_c_Acidobacteria高度正相关，AK、K$^+$与norank_f_Anaerolineaceae、norank_c_Acidobacteria、g_c_KD496正相关。土壤含水率与g_c_KD496、norank_f_MSB-IE8、g_o_Gaiellales正相关，与Bacillues负相关；NH$_4^+$-N与norank_f_Anaerolineaceae、norank_c_Acidobacteria负相关，与g_f_Nitrosomonadaceae、Nitrospira、norank_f_MSB-IE8正相关。

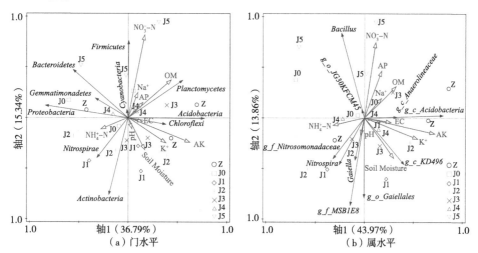

图6-20 2018年土壤细菌组成与土壤物理指标的RDA分析

2019年土壤细菌门水平和属水平主要组成（前10）与土壤物理指标（3层土壤均值）的冗余分析（RDA）结果如图6-21所示。从图6-21（a）可以看出，第一轴和第二轴分别解释了细菌组成变化的22.43%和13.65%，土壤含水率（P=0.058）和AK（P=0.034）对细菌组成的影响最大；NO$_3^-$-N与Acitinobacteria、Rokubactreia、Gemmatimonadetes高度正相关，与Protebacteria高度负相关；AK、AP与Acitinobacteria、Rokubactreia、Gemmatimonadetes、Chloroflexi、Acidobacteria高度正相关，与Bacteroidetes高度负相关；有机质（OM）与Chloroflexi、Acidobacteria、

Proteobacteria高度正相关，与Bacteroidetes负相关；NH$_4^+$-N与Acitinobacteria、Bacteroidetes正相关，与Proteobacteria负相关。土壤含水率、Na$^+$与Bacteroidetes、Cyanobacteria、Proteobacteria正相关，与Acitinobacteria、Rokubactreia、Gemmatimonadetes负相关；pH值与Bacteroidetes正相关，与Gemmatimonadetes、Chloroflexi、Acidobacteria等负相关。

从图6-21（b）可以看出，第一轴和第二轴分别解释了细菌组成变化的26.60%和8.78%，AP（$P=0.006$）对细菌组成的影响最大；AP、OM与Sphimgomonas、f_Gemma_g_uncultured、RB41正相关，与Ellin6067负相关；AK与unclassified_Subgroup 6、f__Gemmatimonadaceae__g__uncultured、MND1、g__uncultured bacterium、RB41、Pseudomonas、Gaiella、Subgroup 10、Ellin6067、Sphimgomonas均正相关，EC与除Sphimgomonas外的菌属正相关，Na$^+$、K$^+$与所有菌属均负相关，pH值、土壤含水率与除Ellin6067之外的菌属均负相关。

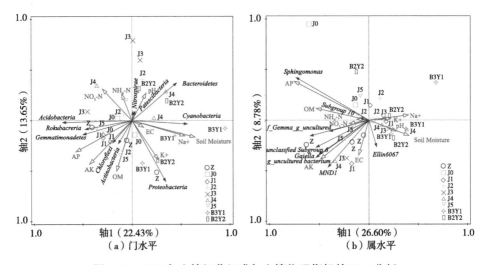

图6-21　2019年土壤细菌组成与土壤物理指标的RDA分析

6.3.4　微生物对土壤NO$_3^-$-N和NH$_4^+$-N的影响

植物接种有益微生物的好处包括减少病原体感染、提高肥料利用效率，以及提高对干旱、养分缺乏、盐度和磷酸盐溶解等非生物胁迫因素的抵抗力（Wainwright，1995；Alonso et al.，2008）。土壤中的酵母可以促进作物生长（Sarabia et al., 2017），主要是因为酵母促进磷的溶解，增加土壤磷供应，进而增加作物对磷的吸收（Nakayan et al., 2013），并诱导吲哚乙酸的产生（Nassar et al., 2005）。

枯草芽孢杆菌有利于维持植物组织中的离子平衡和水分运动。氮对植物生长至关重要，尤其是在早期和中期，只要根系吸收NO_3^--N，地上作物的生长就不会受到限制（Walch-Liu, 2001）。目前，关于枯草芽孢杆菌和酿酒酵母混合施用对土壤氮的影响仍知之甚少。

本研究中，枯草芽孢杆菌和酿酒酵母可以提高土壤NH_4^+-N量；然而，在两年的研究中，它们对土壤NO_3^--N的影响各不相同。枯草芽孢杆菌和酿酒酵母的加入加速了土壤中氧气（O_2）的消耗，并创造了一个越来越厌氧的环境，这有利于反硝化。土壤呈碱性，也有利于氮的反硝化作用。如表6-13所示，2019年的气温和湿度低于2018年；温度影响氮矿化以及枯草芽孢杆菌和酿酒酵母的繁殖（Zak et al., 1999；Salehi et al., 2015），这可以改变土壤氮供应。当酵母刺激外源铵的硝化作用、尿素的水解作用以及随后释放的铵的硝化反应时（Wainwright, 1996），再生水提高了土壤盐度。高盐度会抑制根系对养分的吸收，并影响氮的转化（Daliakopoulos et al., 2019；Arsova et al., 2020）。此外，NO_3^--N的存在可以促进NH_4^+-N的吸收（Kronzucker, 2000）。尽管在灌溉条件下，土壤中的NH_4^+-N很容易转化为NO_3^--N，但枯草芽孢杆菌和酿酒酵母如何改善NH_4^+-N还需要进一步研究，特别是土壤硝化和反硝化细菌的作用。

表6-13   2018年和2019年S1～S71期间温湿度

年份	S1～S60温度/℃	S1～S60湿度/%	S61～S71温度/℃	S61～S71湿度/%
2018	31.7	71.6	29.6	72.3
2019	30.0	56.5	29.2	51.3

值得注意的是，15～25cm土层中的硝态氮含量高于0～15cm，这增加了硝态氮损失的风险（Romero-Trigueros et al., 2014），并造成非点源污染（Anane et al., 2014）。15～25cm土层含盐量越高，根系对氮的吸收越受到抑制。因此，有必要通过减少灌溉或施肥量来减少硝酸盐氮向下层的迁移，这有利于充分利用再生水提供的氮（Guo et al., 2018）。

6.3.5　土壤细菌代谢功能与土壤理化指标的关系

2018年土壤细菌KEGG代谢通路丰度（前20）与土壤理化指标（3层土壤均值）的冗余分析（RDA）结果如图6-22所示。从图6-22可以看出，第一轴和第二轴共同解释了细菌代谢通路丰度变化的35.44%。土壤理化指标中，有机质含量（OM）的贡献率最大（15.8%，$P=0.054$），速效钾（AK）、土壤含水率贡献率较小。除K^+、NO_3^--N、EC、速效磷外，其余

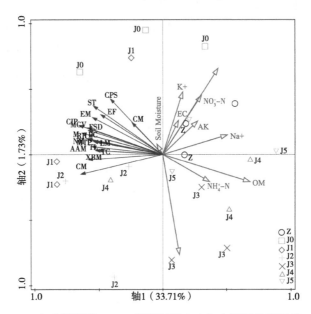

图6-22　2018年土壤细菌KEGG代谢通路丰度与土壤理化指标的RDA分析

注：MT-膜运输（Membrane transport）；AAM-氨基酸代谢（Amino acid metabolism）；CHM-碳水化合物代谢（Carbohydrate metabolism）；RR-复制和修复（Replication and repair）；EM-能量代谢（Energy metabolism）；PC-难以分类的功能（Poorly characterized）；MCV-辅因子和维生素的代谢（Metabolism of cofactors and vitamins）；TL-转化（Translation）；LM-脂质代谢（Lipid metabolism）；XBM-外源性生物降解和代谢（Xenobiotics biodegradation and metabolism）；NM-核苷酸代谢（Nucleotide metabolism）；CPS-细胞过程和信号（Cellular processes and signaling）；CM-细胞运动（Cell motility）；M-代谢（Metabolism）；GIP-遗传信息处理（Genetic information processing）；TC-转录（Transcription）；MTP-萜类和聚酮类的代谢（Metabolism of terpenoids and polyketides）；FSD-折叠、分类和降解（Folding, sorting and degradation）；ST-信号转导（Signal transduction）；EF-酶家族（Enzyme families）；AK、AP、OM分别表示速效钾、速效磷和有机质。

指标均与细菌KEGG代谢通路丰度负相关。有机质与脂质代谢（LM）、类通路中的细胞运动（CM）和转录（TC）以及酶家族代谢（EF）负相关（P>0.05），与其他代谢丰度均显著负相关，尤其与难以分类的功能（PC）、细胞过程和信号（CPS）、遗传信息处理（GIP）等代谢丰度极显著负相关。pH值与CPS、CM等代谢丰度也呈较强的负相关关系。

2019年土壤细菌KEGG代谢通路丰度（前20）与土壤理化指标（3层土壤均值）的冗余分析（RDA）结果如图6-23所示。从图6-23可以看出，

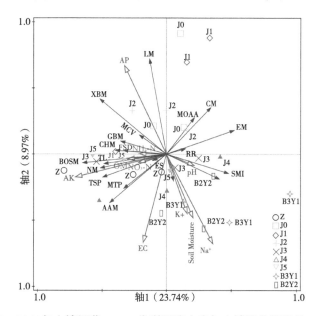

图6-23　2019年土壤细菌KEGG代谢通路丰度与土壤理化指标的RDA分析

注：XBM-外源性生物降解和代谢（Xenobiotics biodegradation and metabolism）；BOSM-其他次生代谢产物的生物合成（Biosynthesis of other secondary metabolites）；CHM-碳水化合物代谢（Carbohydrate metabolism）；CM-细胞运动（Cell motility）；MTP-萜类化合物和聚酮类化合物的代谢（Metabolism of terpenoids and polyketides）；AAM-氨基酸代谢（Amino acid metabolism）；LM-脂质代谢（Lipid metabolism）；MCV-辅因子和维生素的代谢（Metabolism of cofactors and vitamins）；MT-膜运输（Membrane transport）；FSD-折叠、分类和降解（Folding，sorting and degradation）；GBM-聚糖生物合成和代谢（Glycan biosynthesis and metabolism）；NM-核苷酸代谢（Nucleotide metabolism）；TSP-转录（Transcription）；ST-信号转导（Signal transduction）；TL-转化（Translation）；SMI-信号分子和相互作用（Signaling molecules and interaction）；MOAA-其他氨基酸代谢（Metabolism of other amino acids）；EM-能量代谢（Energy metabolism）；RR-复制和修复（Replication and repair）；ES-内分泌系统（Endocrine system）。

第一轴和第二轴分别解释了细菌代谢通路丰度变化的23.74%、8.97%。土壤理化指标中，AK的贡献率最大（13.5%，$P=0.014$），Na^+、EC贡献率次之。AP与外来生物的生物降解和代谢（XBM）、脂质代谢（LM）呈较强正相关，与ST、膜运输（MT）、SMI呈负相关；AK、OM、NO_3^--N、NH_4^+-N与XBM、聚糖生物合成和代谢（GBM）、折叠分类和降解（FSD）、碳水化合物代谢（CHM）、其他次生代谢产物的生物合成（BOSM）、核苷酸代谢（NM）、萜类化合物和聚酮类化合物的代谢（MTP）、氨基酸代谢（AAM）、转化（TL）、转录（TSP）等正相关，与其他氨基酸的代谢（MOAA）、细胞运动（CM）、能量代谢（EM）、信号分子与相互作用（SMI）、MT等负相关；K^+、Na^+、土壤含水率与ST、MT、SMI正相关，与XBM、LM呈较强负相关。pH值与MT、SMI、EM等正相关，与LM、XBM、辅因子和维生素的代谢（MCV）、GBM等负相关。

6.4 本章小结

（1）枯草芽孢杆菌施用量与速效钾、NH_4^+-N量正相关，与土壤EC、Na^+、NO_3^--N量负相关；酵母菌施用量与速效钾、Na^+、K^+负相关，与NO_3^--N、NH_4^+-N正相关；施加菌剂10d时，土壤的主要理化指标为Na^+、电导率、速效磷，30d时为NO_3^--N、速效钾、有机质，且30d时土壤理化指标的变异程度大于10d时。

（2）2018年和2019年施加菌剂对水稻叶片叶绿素、CAT、SOD等指标的影响大于其他生理生化指标；施加菌剂10d后，菌剂处理与清水处理、再生水处理差异较大；而30d后，菌剂处理与再生水处理间差异变小，且清水处理相对于菌剂处理存在一定的差异。S71时，速效钾、速效磷、NO_3^--N量、NH_4^+-N量与生理指标的关系较其他指标密切，S91时，pH值、EC、Na^+与生理生化指标的关系增强。

Wanas（2002）报道酵母菌促进了豆类植物叶绿素的形成，延缓了叶绿素的降解和衰老。2018年和2019年，施用枯草芽孢杆菌和酿酒酵母提高了叶绿素（Chla+b）和类胡萝卜素浓度，原因之一是枯草芽孢杆菌和酿酒酵母能够增加土壤养分供应，而矿质营养增加了叶绿素浓度（Feng et al.，2002）。硝酸盐和铵吸收基因与氮同化基因表达增强，增加了氮含量和相对氮利用效率，然后增加了叶绿素含量（Saha et al.，2016）。此外，有研究证实苔藓植物和土壤酵母的组合也可显著增加叶绿素浓度（Boby et al.，2008），而土壤EC的降低有利于叶绿素含量的增加（Khaliq et al.，2015）。

酵母菌有助于水稻幼苗的根系定殖（Amprayn et al.，2012），因为接种后土壤养分的变化可促进根系生长。2018年，施用枯草芽孢杆菌和酿酒酵母提高了根系活力，2019年除J2处理外，其他处理均相反。潜在原因是长期盐胁迫降低了根系活力（Gu et al.，2019；Negrao et al.，2011）。2019年再生水中的EC较2018年增加312μS/cm，导致2019年各处理土壤EC较2018年增加25.97%；与2018年相比，2019年S61的5~15cm土壤EC显著增加。根系活性与水稻对氮素的利用密切相关（Cai et al.，2003），根系活性的降低削弱了植物对氮素的吸收，因为硝酸盐的吸收取决于植物对氮的需求，而不是土壤中的硝酸盐有效性（Cerezo et al.，2007），这解释了2019年处理的土壤NO_3^--N高于2018年处理的现象。Khelil et al.（2013）还发现，再生水中较高的氮不会提高植物对总氮的吸收。此外，2019年叶片可溶性糖含量高于2018年，这主要受土壤盐分的影响（Zhu et al.，2014）。

在盐碱土中种植水稻显著增加了MDA（Gerona et al.，2019）。接种微生物可以降低叶片中MDA含量，如接种尖叶曲霉可降低水稻根系中O_2^-积累和MDA含量，并提高抗氧化酶活性（SOD、POD和CAT）（Xie et al.，2019）。在另一项研究中，接种酵母菌可降低向日葵植株中的MDA含量（Nafady et al.，2019）。GS活性是根系耐NH_4^+-N能力的指标（Lea，1992）；2018年15~25cm NH_4^+-N与GS呈正相关，2019年GS活性与0~5cm NH_4^+-N呈负相关。

CAT和SOD可以控制环境胁迫下过量活性氧物种造成的潜在伤害（Sofo et al.，2004），维持作物正常生长。与Z处理相比，J1~J5处理的SOD、CAT和蛋白质含量在2018年有所下降，2019年有所上升，这主要是由于2019年土壤盐分高于2018年，盐胁迫可增加叶片蛋白质水平（Berteli et al.，2008），引起水稻生理紊乱（Ghoulam et al.，2002；Kumar and Khare，2016）。尽管酵母菌为植物提供激素、维生素、酶、氨基酸和矿物质（Barnett，1990），枯草芽孢杆菌能够分泌具有植物激素活性的植物激素或代谢物（Kilian，2000），但根据本研究结果，2018年的株高高于2019年，可能是因为土壤盐度升高削弱了微生物的积极作用。气温的降低和施氮量的增加会增加叶片中的可溶性蛋白质（Liu et al.，2013；Du et al.，2020），这也是2019年叶片可溶性蛋白质低于2018年的原因。2019年的温度低于2018年，导致0~25cm土层中的NH_4^+-N低于2018年。此外，播种时间对水稻生长也有显著影响（Clerget and Bueno，2013），2019年播种移栽日期早于2018年，这可能会降低水稻产量。具体而言，J1处理对水稻的影响相对稳定，冗余分析结果也证实枯草芽孢杆菌的影响大于酿酒酵母，J1处理有利于提高产量，主要是因为枯草芽孢杆菌对极端条件的适应性强，增强了寄主对植物病原菌的抗性（Garcia-Gutierrez et al.，2013）。此外，叶片中Na^+和Cl^-含量随着再生水中含盐量的增加而增加（Romero-Trigueros et al.，2014），叶片光合作用受到抑制（James et al.，2006），不利于干物质积累。此外，考虑到土壤温度和含水量的潜在影响，接种菌剂可能不会产生积极作用，类似于2018年和2019年NO_3^--N的差异。根据枯草芽孢杆菌和酿酒酵母的特性，还需要研究土壤磷素和土壤酶活性的变化，以更好地了解植物生理变化。

（3）2018年、2019年土壤细菌测量数量均能够满足测序要求。2018年，恢复清水和施加菌剂均未显著改变土壤细菌群落多样性指数；但恢复清水有利于增加土壤OTUs，枯草芽孢杆菌、酵母菌混合施加也可以一定程度增加土壤OTUs。2019年，恢复清水灌溉施加菌剂均未显著改变土壤细菌多样性指数，仅J3处理Goods_coverage指数高于J0处理。

（4）施加菌剂不会显著改变土壤细菌群落结构，但调整了细菌在不同分类水平上的丰度。2018年，不同处理土壤细菌类群主要以变形菌门（Proteobacteria）、放线菌门（Actinobacteria）、酸杆菌门（Acidobacteria）、绿弯菌门为主；J5处理显著降低了放线菌门、厚壁菌门比例，J2、J3处理显著增加了绿弯菌门比例，J3处理芽单胞菌门、拟杆菌门降幅较大，相比清水灌溉处理，J1、J2、J3显著降低了护微菌门比例。各处理土壤纲水平细菌类群主要以放线菌、酸杆菌、α-变形菌为主。J5处理放线菌门占比显著降低，J3处理降低了α-变形菌比例；单独施加酵母均比单独施加枯草芽孢杆菌增加了变形菌纲占比；J5处理显著增加了杆菌纲（Bacilli）比例，相比清水灌溉，J1、J2处理降低了芽孢杆菌纲比例，J3处理芽单胞菌门（Gemmatimonadetes）显著降低，增加了KD4-96占比。各处理优势菌属为norank_c_Acidobacteria、Bacillus、norank_f_MSB-1E8、Nitrospira等。J0处理降低了norank_c_Acidobacteria丰度，J0、J5处理增加了Bacillus丰度，J2、J3处理增加了Nitrospira丰度，J2、J3、J5处理增加了norank_f_Anaerolineaceae丰度；J1、J2、J5处理细菌群落结构变化较大，J0处理、J4处理变化相对小一些。

2019年各处理在门水平主要以变形菌门、酸杆菌门、芽单胞菌门、放线菌门为主，其中变形菌门占比超过1/3；J0、J3处理显著降低了放线菌门占比，J0、J4、B3Y1处理显著降低了芽单胞菌门占比，B3Y1、B2Y2处理显著降低了放线菌门占比；J0、J3、B3Y1处理显著降低了Rokubacteria占比；J4处理有利于增加Planctomycetes占比。恢复清水灌溉并施加菌剂一定程度上降低了酸杆菌、芽单胞菌门、放线菌的占比，但增加了硝化螺旋菌门（Nitrospirae）、Patescibacteria、厚壁菌门（Firmicutes）的占比。各处理纲水平主要细菌成分包括Gammaproteobacteria、Alphaproteobacteria等。J0处理显著增加了Alphaproteobacteria占比。恢复清水灌溉并施加菌剂处理可以显著影响细菌纲水平种类；土壤细菌纲水平主要种类有所降低，如γ-变形菌（Gammaproteobacteria）、Acidobacteria（Subgroup 6）等，但拟杆菌纲（Bacteroidia）、厌氧绳菌纲（Anaerolineae）和others纲有不同程度增加。各处理优势菌属为Acidobacteria_unclassified_Subgroup 6、Gemmatimonadaceae_uncultured、鞘脂单胞菌属（Sphingomonas）、MND1等。J0、J1处理增加了Acidobacteria_unclassified_Subgroup 6丰度；恢复清水灌溉施加菌剂后MND1、Gaiella、Rhodothermaceae_uncultured、BIrii41g_uncultured bacterium等丰度均降低，硝化螺旋菌属（Nitrospirae）、Geminicoccaceae_uncultured、Microscillaceae_uncultured丰度增加。恢复清水灌溉增加土壤主要菌属丰度；施加菌剂降低了土壤主要菌属丰度，其他丰度较低的菌属有所增加。J0、J1、J4、B3Y1、B2Y2细菌群落结构与Z处理差异较大，以B3Y1改变最为明显。NO_3^--N和速效K是引起土壤细菌门水平和属水平组成变异的主要因素。

（5）施加菌剂可以调节土壤代谢功能丰度。2018年，施加菌剂处理土壤细菌COG功能丰度与Z处理较为一致，且主要功能包括能源生产和转换、氨基酸转运与代谢、碳水化合物运输和代谢，翻译、核糖体结构与生物发生等；各处理细菌代谢过程富集的通路主要包括膜传输、氨基酸代谢、碳水化合物代谢、复制和修复、能量代谢；恢复清水和施加菌剂并不会显著改变土壤代谢功能；与单独施加酵母菌相比，单独施加枯草芽孢杆菌能显著增强代谢功能、新陈代谢、遗传信息、酶家族功能丰度；与不施加菌剂处理相比，枯草芽孢杆菌和酵母菌1∶1配施显著降低了细胞过程和信号功能、信号转导功能。

2019年各处理土壤主要代谢功能丰度为外源生物降解与代谢、其他次生代谢产物的生物合成、碳水化合物代谢、细胞运动、萜类化合物和聚酮类化合物的代谢等。J3、B3Y1、B2Y2处理显著降低了外源生物降解与代谢功能丰度，J0、B3Y1处理显著降低了其他次生代谢产物的生物合成功能丰度；J0、J1处理显著增加了细胞运动丰度；J0处理显著增加脂质代谢丰度。清水灌溉和施加菌剂处理降低了核苷酸代谢、转化功能丰度，但增加了信号分子与相互作用、能量代谢、复制与修复功能丰度。有机质对细菌KEGG代谢丰度的变化起主导作用，pH值与细胞过程和信号、类通路中的细胞运动等功能丰度相关性较强。

7 微生物菌剂的主要调控机制

7.1 施加菌剂对水稻生长发育的积极作用

7.1.1 水稻株高分蘖

控制灌溉条件下，与清水灌溉相比，再生水灌溉水稻株高前期无明显差异，中后期差异在5～13cm。2018年再生水控制灌溉下水稻分蘖数呈不断增加趋势，生育末期增幅较大，2019年则呈先增加后降低趋势；2018年和2019年清水控制灌溉下水稻分蘖数均呈逐渐增加趋势，2019年生育末期分蘖数超过CK；再生水控制灌溉下水稻光合受到严重抑制，光合速率降低了近50%，但提高了潜在水分利用效率，增加近1倍，且光合指标均低于清水控制灌溉处理。再生水灌溉可以增加土壤养分、降低施肥量（郭魏 等，2015；Jung et al.，2014），促进作物生长，如本试验2018年再生水灌溉处理S21～S41近20d水稻株高高于清水灌溉处理，但随着再生水灌溉时间的延长，水稻株高受到明显的抑制。随着再生水灌溉量的增加，带入土壤中的盐分大量积累，产生一定的盐胁迫，降低干物质量（田志杰，2017），造成水稻各项生理功能损伤，如水稻光合速率和蒸腾速率均受到抑制（王旭明 等，2019b）；虽然盐胁迫下增加施肥可以促进作物生长，但是再生水中的养分量相对较低，不足以替代化肥的功效。

再生水灌溉50d后，恢复清水灌溉，可大幅增加株高，添加菌剂后增幅更大，且2018年增幅比2019年明显；2018年恢复清水灌溉并施加菌剂在20d内可以增加水稻分蘖数，且抑制了后期无效分蘖的产生；2019年施加菌剂可以增加水稻分蘖数，但后期分蘖数低于未施加菌剂处理，一定程度上抑制了无效分蘖的产生。菌剂调节水稻生长的主要原因，一方面恢复清水灌溉，阻止了盐分胁迫的进一步加剧，水稻生长得到恢复；另一方面施加菌剂增加了土壤养分供应（严建辉，2018），促进了水稻生长发育。即使仍采用再生水灌溉，施加菌剂也可以提高水稻中后期株高。

7.1.2　水稻干物质积累

2018年，恢复清水并施加菌剂有利于增加水稻生育末期根、茎干物质量和根长，以J4处理增幅最大；施加菌剂40d内增加了叶干物质量，但最终叶干物质量低于Z处理；施加菌剂30d后水稻叶面积大幅增加，J3处理增幅最大；恢复清水灌溉并施加菌剂后水稻穗质量不断增加，其中J2处理穗质量最大，J4处理穗数目最多，且显著增加了穗长。2019年，恢复清水灌溉并施加菌剂水稻根、茎、叶干物质均得到增长，但30d内增幅低于不施加菌剂处理（J0），生育末期J1处理干物质量较高，且穗干物质量最高，这与邢嘉韵 等（2017）针对马铃薯的研究结果相一致，主要原因是土壤养分供应增多，提高了叶片光合速率，增加了干物质积累量（黄丽芬 等，2014）。后期仍采用再生水灌溉时，施加不同菌剂对水稻根、茎、叶、穗的发育影响存在差别。姜佰文 等（2013）研究发现，降低茎、叶物质转运率有利于水稻实现增产，本研究中B3Y1处理可以增加茎干物质量，B2Y2处理则增加了根、茎、叶干物质量，但二者均降低了穗干物质量，这是因为前期水稻干物质积累量较少，而施加菌剂后，孕穗期和灌浆期形成的光合同化物主要进行营养生长，未能向生殖器官转移；另外，土壤盐分的增加降低了水稻有效穗数、成穗率和结实率（白如霄 等，2016）。

采用Logistic方程可以准确模拟水稻干物质累积量（Noorhosseini-Niyaki et al., 2012；Roel et al., 2005）。本研究发现，施加菌剂延长干物质快速积累时间，推迟最大干物质积累期，有助于吸收更多的养分，积累较多的干物质，提高产量（叶廷红 等，2020），施加菌剂3～6d内水稻干物质积累速率达到最大，这是水稻光合能力增强的表现之一。研究结果与薛欣欣 等（2018）增施钾肥、刘正 等（2019）增施氮肥得到的结果相似。

7.1.3　水稻抗倒伏能力和产量

2018年控制灌溉条件下，后期恢复清水和施加菌剂均可以促进水稻茎秆发育，但提高了重心高度，J5处理茎粗最大，J2处理株高最大，J1处理重心高度最大；2019年菌剂处理的表现与2018年不同，J1处理增加了株高，J2

处理降低了株高和重心高度，J3~J5处理均增加了株高和茎粗；再生水灌溉时施加菌剂也增加了株高和茎粗，但降低了重心高度。2018年，后期恢复清水和施加菌剂增加了弯曲力矩、倒伏指数，降低了抗倒指数，不利于水稻抗倒伏，J4处理最为明显，这是因为J0~J5处理的单穗质量大幅增加，增加了重心高度，另外株高和茎鲜质量的增加也不利于水稻抗倒伏（Ma et al.，2016）。2019年除J4处理外，其余处理均增加了抗折力、弯曲力矩，降低了倒伏指数，有利于水稻抗倒伏。水稻解剖结构中维管束与产量、抗折力等息息相关。陈桂华 等（2016）认为维管束的数目和大、小维管束的比例均可以影响水稻倒伏等。莫永生 等（2008）证实水稻的抗折力随着节间长度拉长而下降，大、小维管束数与水稻抗折力呈正相关关系，尤其与小维管束数目关系更密切。因此，需要加强水稻基部茎节解剖结构与水稻倒伏指标的关系研究。

不同年份间不同菌剂处理对水稻产量及其构成的影响存在一些差异，但单独施加枯草芽孢杆菌可以优化产量指标。符菁 等（2019）也证实施加光合菌剂能提高水稻产量。2018年，控制灌溉下，后期恢复清水灌溉并施加菌剂可以显著增加单穗干物质量、实粒数、实粒质量以及千粒质量，以J1、J2、J4处理最为明显；2019年，施加菌剂增加了穗数，降低了单穗干物质量，J1、J5处理增加了实粒数，且穗数大幅增加，但J2、J3、J4处理降低了实粒数。这主要是因为施加菌剂或菌肥增强了土壤酶活性，增加速效养分（王梦雅 等，2018），并提高了水稻光合效率（廖雄辉 等，2019）。后期再生水控制灌溉施加菌剂降低了实粒数、实粒质量、瘪粒质量，增加了穗数，相比清水灌溉施加菌剂，B3Y1处理有明显的提升效果，B2Y2处理则起抑制作用，针对不同灌溉条件需要选择不同的菌剂来调节水稻生长发育。

综上所述，长期再生水灌溉抑制水稻生长发育，即株高和有效分蘖数降低；恢复清水灌溉后施加菌剂可以促进水稻恢复生长，延长干物质快速积累期，增加株高和茎粗，增强了水稻抗倒伏能力；增加枯草芽孢杆菌施用量（J1、J2处理），有利于增加水稻穗干物质量、实粒数和千粒质量，且水稻干物质快速积累期也较单施酵母菌处理（J5）长；持续再生水灌溉时施加菌剂也有利于水稻生长发育，但效果不如清水灌溉时明显。土壤含盐量（EC值）是影响水稻生长发育的主要因素。

7.2 施加微生物菌剂改善土壤微环境

7.2.1 土壤微生物数量的变化

有证据表明土壤有机碳、含氮量和含钾量均对水稻产量有显著影响（王梦姣 等，2018），而土壤微生物对土壤养分的迁移转化起到关键作用。2018年，S71时，恢复清水灌溉并施加菌剂均可以增加不同土层土壤细菌数目，增加放线菌、大肠菌群、大肠杆菌数目，降低了真菌数目（除0~5cm、5~15cm土层J4处理外）。单独施加枯草芽孢杆菌可以增加0~25cm土壤中的芽孢杆菌数目，单独施加酵母菌并不会增加土壤中的真菌数目。韩洋 等（2019）研究发现再生水灌溉提高了表层土壤细菌总数和大肠菌群。本研究中，施加菌剂一定程度增加了土壤大肠杆菌数目，但未达显著水平，这是因为细菌结构的变化会影响大肠杆菌存活时间（丁美月，2018），另外也可能与土壤养分、pH值、EC的变化有关（张蕊，2019），这需要进一步分析验证。

7.2.2 土壤氧化还原电位、Na^+、K^+、电导率和pH值的变化

恢复清水灌溉并施加菌剂可以促进土壤氧化还原电位（Eh）的增加，J2处理增幅最大，对于水稻根系生长、养分吸收有积极作用（辛侃 等，2014；林贤青 等，2009），可能是因为土壤Eh是调节土壤氮循环过程的关键因子（张艳波 等，2016）。施加菌剂改变了硝态氮和铵态氮在不同土层中的分布。

2018年，持续再生水灌溉增加了土壤中的Na^+，而恢复清水灌溉降低了土壤中的Na^+，施加菌剂可以进一步降低土壤中的Na^+，且以J1、J2处理降幅最大；S71时施加菌剂并恢复清水灌溉降低了土壤中的K^+，而S91时则增加了0~15cm土层K^+，15~25cm则降低；S127时，J0、J1、J2处理增加了0~5cm土层K^+，其余处理则降低了K^+。有研究表明，盐胁迫下，水稻植株吸收Na^+并置换出K^+，随着盐浓度上升，各部位K^+均下降，Na^+均上升，K^+/Na^+均呈下降趋势（荆培培 等，2017），本试验中土壤中减少的Na^+在植株各部分的分布仍需要加强研究。

研究表明，稻田土层含盐量随土层深度的增加而增加（郭彬 等，2012）。2018年，持续再生水灌溉增加了土壤电导率（EC）。S71时，恢复清水灌溉并

施加菌剂降低了0~5cm土壤EC，J4处理增加了5~25cm土壤EC；S91时，恢复清水灌溉降低了土壤EC，而施加菌剂处理土壤EC表现不同，J3~J5增加了0~5cm土壤EC，J4处理增加了0~25cm土壤EC；S127时，恢复清水灌溉并施加菌剂处理显著降低土壤EC，以J1处理降幅较大。宿庆瑞 等（2006）认为降低土壤盐分有助于提高水稻产量。本试验仅测定了土壤中的Na^+、K^+的变化，且EC的降低与Na^+表现相一致，这是因为Na^+向植物体内转移（刘晓龙 等，2020）；但仍需要加强其他阳离子和阴离子的研究，以明确土壤EC降低的主要原因。

土壤pH值过高和过低均不利于作物生长，其变化也可以指示土壤中离子的变化。碱性水稻土铁还原潜势、最大铁还原速率随初始pH值的降低而下降（吴超 等，2014）。不同pH值时水稻离体根系吸收亚硒酸盐的途径也不同（张联合 等，2010）。恢复清水灌溉并施加菌剂S91时，0~15cm土壤pH值大幅降低，J0~J3处理增加了15~25cm土壤pH值，增加酵母菌施加量有利于降低S91时土壤pH值；S127时，土壤pH值差别较小，施加菌剂大幅增加了5~25cm土壤pH值。表层土壤pH值的降低与持续的清水冲洗降低了表层土壤电导率有关。

7.2.3　土壤养分的变化

罗玉兰 等（2015）研究发现施加微生物菌剂有利于增加表层土壤硝态氮，李小磊 等（2019）认为单施有机菌肥能够显著提高土壤碱解氮和土壤全氮量。本研究中，2018年S71，J0、J2、J3处理降低了0~25cm土层硝态氮，J3降幅最大，而J5处理则大幅增加。S91，J0、J2、J5处理增加了0~5cm铵态氮，J0~J3处理增加了5~15cm铵态氮，J1~J3处理增加了15~25cm铵态氮；即使到了生育末期，土壤铵态氮仍会发生明显变化，如J3处理大幅增加了15~25cm铵态氮。2019年S71，J1处理增加了0~25cm硝态氮，J2~J5处理均降低了0~25cm硝态氮，J0处理增加了0~5cm硝态氮，这可能是促使J0、J1处理水稻生长发育较快的主要原因之一，本研究结果与陈笑莹 等（2014）、赵乾旭 等（2017）关于丛枝菌根真菌的研究结果一致。

阿氏芽孢杆菌（*Bacillus aryabhattai*）具有较强的解钾能力，这与其具有分泌蛋白酶能力有关（郗蓓蓓 等，2020）。施加枯草芽孢杆菌有利于增加土壤速效磷和速效钾的供应，而酵母菌则有利于提高有机质含量，这与

王梦雅 等（2018）研究结果相似。单独施加枯草芽孢杆菌有利于增加S71时0～25cm速效磷，而施加酵母菌（J4、J5处理）则降低0～25cm速效磷；J0、J1增加了S91时0～25cm速效磷，J2处理增加了0～5cm、15～25cm速效磷，J5处理大幅增加了5～15cm速效磷，这是因为酵母菌有较强的溶磷能力（Nakayan et al.，2013）。J5处理大幅降低了0～25cm土壤速效钾，J1一定程度增加了土壤速效钾的供应，朱舒亮 等（2018）发现根际促生细菌有利于增加土壤速效钾。J2～J5处理增加了S71时0～25cm土壤有机质含量，J5处理降低了S91时0～25cm土壤有机质含量；但J3～J5处理有利于维持S127时较高的有机质含量，其余处理则大幅降低了土壤有机质含量。施加菌剂可能对不同时期的某个土层养分产生影响，一方面是因为菌剂均随水浇灌至土壤表层，且未建立水层，菌剂水溶液在表层的截留相对较多，另一方面再生水灌溉后的土壤持水性增加，不利于菌剂水溶液大范围扩散，这也可能限制了菌剂产生积极作用。

相关性分析结果表明，枯草芽孢杆菌施用量与速效钾、NH_4^+-N量正相关，与土壤EC、Na^+、NO_3^--N量负相关；酵母菌施用量与速效钾、Na^+、K^+负相关，与NO_3^--N、NH_4^+-N正相关；施加菌剂10d时，土壤的主要理化指标为Na^+、电导率、速效磷，30d时为NO_3^--N、速效钾、有机质，且30d时土壤理化指标的变异程度大于10d时。

7.2.4　土壤细菌多样性和代谢功能丰度的变化

恢复清水灌溉和施加菌剂并未显著改变土壤细菌多样性，但2018年和2019年细菌在不同水平的组成均存在较大差异，这可能是两年水稻生长发育指标存在差异的原因之一。不同处理土壤细菌类群主要以变形菌、放线菌、酸杆菌、绿弯菌门为主，这与袁红朝 等（2015）、Maguire et al.（2020）研究结果相似；2018年，J2、J3处理显著增加了绿弯菌门比例；J5处理显著增加了芽孢杆菌纲比例，相比清水灌溉，J1、J2处理降低了芽孢杆菌纲比例，J3处理芽单胞菌门显著降低。

2019年，J0、J3处理显著降低了酸杆菌门占比，J0、J4、B3Y1处理显著降低了芽单胞菌门占比，B3Y1、B2Y2处理显著降低了放线菌门占比，有研究表明放线菌群丰度的减少影响水稻抗病害能力（张芳 等，2014）；J0、

J3、B3Y1处理显著降低了棒状杆菌占比。恢复清水灌溉增加土壤主要菌属占比；施加菌剂降低了土壤主要菌属占比，其他丰度较低的菌属有所增加。

各处理土壤细菌COG功能丰度较为一致。2018年，主要功能包括能源生产和转换、氨基酸转运与代谢、碳水化合物运输和代谢及翻译、核糖体结构与生物发生等。2019年，各处理土壤主要代谢功能丰度为外源生物降解与代谢、其他次生代谢产物的生物合成、碳水化合物代谢、细胞运动、萜类化合物和聚酮类化合物的代谢等；单独施加枯草芽孢杆菌处理能量代谢、新陈代谢、遗传信息、酶家族功能丰度功能显著高于单独施加酵母菌处理，这与枯草芽孢杆菌促进土壤养分的转化能力有关（王世强 等，2015）。冗余分析（RDA）分析表明，NO_3^--N和速效钾是引起土壤细菌群落变化的主要因素，这与王晓洁 等（2020）、Zhu et al.（2019）研究结果一致；土壤有机质是影响细菌代谢功能变化的主要因素，pH值是次要因素，Maguire et al.（2020）也认为pH值是解释细菌群落变化的因素之一。

综上所述，施加菌剂降低了土壤EC、Na^+、K^+量，但促进了大肠杆菌的繁殖，需要加强土壤病原菌的动态监测；施加枯草芽孢杆菌增加了土壤速效磷和速效钾量，这是促进水稻生长的主要原因；而酵母菌则增加了土壤有机质的供应，有利于土壤微生物的繁殖。施加菌剂未显著改变土壤细菌多样性，细菌COG和KEGG功能丰度结构未发生明显变化，说明土壤细菌群落具有较强的缓冲能力，外源菌剂的加入不会破坏细菌组成结构，有利于维持土壤生态平衡；但不同菌剂处理在纲、属水平的细菌丰度存在显著差异，单独施加酵母菌显著降低了放线菌门比例，但显著增加了杆菌纲（Bacilli）比例；枯草芽孢杆菌增加土壤细菌能量代谢、新陈代谢等功能的能力强于酵母菌，这是枯草芽孢杆菌调控土壤生境的微生物学机制之一。冗余分析（RDA）结果表明，NO_3^--N和速效钾显著影响土壤细菌群落结构，有机质和pH值与土壤细菌代谢功能丰度的关系密切。

7.3 施加微生物菌剂调节作物生理生化特性

7.3.1 叶绿素、可溶性糖、根系活力

2018年，恢复清水灌溉有利于提高Chla、Chlb、类胡萝卜素质量分

数，而且施加菌剂可以起到增强作用，以J2、J4、J5处理增幅较大，但降低了Chla/b；2019年，S71时恢复清水灌溉提高了叶片叶绿素量，单独施加枯草芽孢杆菌促进了叶绿素量的增加，J3、J4反而起抑制作用；再生水条件下施加菌剂有利于叶绿素量的增加，且高于清水灌溉下施加菌剂处理；而S91时，恢复清水灌溉降低了叶绿素量，施加菌剂（J1～J4处理）增加了叶绿素量，且有利于提高Chla/b。Wanas（2002）研究发现酵母促进了叶绿素的形成。本研究发现，枯草芽孢杆菌、酵母菌配施也可以促进水稻叶绿素增加，但两年间施加枯草芽孢杆菌和酵母菌产生的作用不一致，2018年酵母菌对叶绿素的促进作用更明显，而2019年枯草芽孢杆菌促进作用更明显，这与土壤含氮量的变化有关。

盐胁迫下水稻体内积累大量可溶性糖（Li et al.，2017b），增加可溶性糖量可以延缓植物衰老，增加根系活力有利于植物快速吸收土壤养分。2018年，恢复清水灌溉可溶性糖质量分数有所降低，而施加菌剂，短期可以提高叶片可溶性糖质量分数，而长期则起反作用，以J3～J5处理降幅较大。而2019年，恢复清水灌溉并施加菌剂均有利于提高叶片可溶性糖量，以J1、J2、B3Y1、B2Y2处理增幅较高。研究发现，施加酵母菌可以提高水稻根系定植能力（Amprayn et al.，2012）。菌剂可以增强根系活力，但起作用的时间两年间存在差别。2018年，恢复清水灌溉并施加菌剂短期内均可以提高根系活力，J4、J5处理尤为明显，长期则可能产生抑制作用。2019年，S71时除J1处理外，其余菌剂处理根系活力均降低，但S91时，除J3外，其余菌剂处理根系活力均增强。这主要是因为两年间土壤硝态氮的变化存在差异，2018年S71时土壤硝态氮量较高，而2019年是S91时土壤硝态氮量较高。

7.3.2 可溶性蛋白、抗氧化酶和光合作用

有证据表明，接种酵母可降低向日葵植株丙二醛量（Nafady et al.，2019）。本研究结果表明，恢复清水灌溉后叶片MDA量无明显增加，而施加菌剂后（J2、J4处理）有所降低，S91时J3处理则大幅增加。施加菌剂后，不同时期对叶片酶活性和可溶性蛋白的影响存在较大差异。2018年，恢复清水灌溉和施加菌剂均可以提高S71叶片的SOD活性和CAT活性，施加菌剂（除J5处理外）也可以增加S91时叶片SOD活性和CAT活性，但施加菌

剂降低了可溶性蛋白量；另外，恢复清水灌溉和施加菌剂对POD活性的影响不明显，但施加菌剂会降低叶片GS活性和蛋白质质量分数。2019年，恢复清水灌溉增加了S71时POD、CAT、GS活性和可溶性蛋白量，施加菌剂后J2、J3、J4处理增加了POD活性，J2处理增加了CAT活性，菌剂处理增加了可溶性蛋白量；S91时，菌剂处理则降低了可溶性蛋白量，增加了GS活性，J1、J2增加了POD、CAT活性，J1～J4处理增加了SOD活性。接种棘孢曲霉降低了水稻根系的氧积累和丙二醛量，提高了抗氧化酶（SOD、POD和CAT）的活性（Xie et al.，2019）。再生水灌溉下，施加菌剂降低了叶片酶活性，但增加了可溶性蛋白量，这是因为土壤盐分的增加对生理活动产生抑制作用（Gerona et al.，2019；Kanawapee et al.，2013）。此外，恢复清水灌溉后水稻光合能力得到恢复，施加菌剂更有利于提高水稻光合能力，这与武珈亦 等（2020）研究结果一致，主要是因为施加菌剂促进植物根系发育，提高根系吸水、吸肥能力，提高肥料利用率，增强了叶片荧光能力（张忠学 等，2019）；再生水灌溉下施加菌剂也有利于提高水稻光合能力，但增加幅度低于清水灌溉下，这是因为再生水灌溉持续增加土壤中的盐分，促使叶肉中的Na^+不断增加，抑制了叶片进行光合作用（James et al.，2006）。

施加菌剂对叶绿素指标、CAT、SOD等指标的影响大于其他生理生化指标；施加菌剂10d后，菌剂处理与清水处理、再生水处理差异较大；而30d后，菌剂处理与再生水处理间差异变小，且清水处理相对于菌剂处理存在一定的差异。速效钾、速效磷、NO_3^--N量、NH_4^+-N量与生理指标的关系密切。施加菌剂对不同时间土壤理化性质的影响程度不同，也就导致土壤理化指标与生理生化指标的关系发生变化。一方面，菌剂在不同植物、不同环境中定殖量和存活时间不同（Chen et al.，1995；Theoduloz et al.，2003）；另一方面，枯草芽孢杆菌对土壤不同理化指标产生较大影响的时间不同，土壤碱解氮和有效磷、速效钾量较早，土壤脲酶相对较晚（胡亚杰 等，2019），且酵母菌对作物起积极作用的时间也存在差别（李想 等，2019；Amprayn et al.，2012）。

7.3.3 水稻根、茎、叶解剖结构

吴立群 等（2018）发现低温下湘早籼45根尖薄壁细胞形状不规则、排

列疏松、细胞间隙大、维管束结构不清晰、木质部排列紊乱，说明逆境下水稻根系形态发生明显变化。2018年，除J2处理外，恢复清水灌溉和施加菌剂处理根系均未形成大面积的通气组织，一定程度延缓了根系的衰老进程，这一点与根系活力的增强表现相一致。增加酵母菌施用量有利于增加中柱周长和面积（J4、J5处理）；施加菌剂则促进了根系的发育，减小根外层厚度。黄敏（2016）研究发现根系通气组织、厚壁细胞形成不利于根系对水分和氮素的吸收。2019年，J0、J1处理根系未形成大量气腔，说明恢复清水不施加菌剂或单施加枯草芽孢杆菌有利于延缓根系衰老，与根系活力的表现相同，这与何婷 等（2016）采用腐殖酸研究盐胁迫下的水稻根系结构结果相一致；而其余处理通气组织较多，这是因为根系抗氧化能力下降和活性氧调控系统失衡引发的活性氧大量积累导致通气组织过早形成（陈钰佩 等，2017）。恢复清水灌溉并施加菌剂有利于增加导管数，但降低了导管面积和周长，而单独施加枯草芽孢杆菌均有利于增加根截面积和周长以及根外层厚度，这是枯草芽孢杆菌增强水稻根系吸水、吸肥能力，调节水稻生理的主要机制之一。

Injamun-Ui et al.（2018）研究发现干旱和盐分胁迫均能增加茎鞘厚度。2018年，恢复清水灌溉有利于增加基部茎节内外径和大维管束个数，施加菌剂除J4处理外，增加了内外径，以J2和J3增幅较大，J3、J5处理增加了维管束个数和壁厚。施加菌剂有利于增加气腔数量，且增加了小维管束周长和面积，以J2处理增幅最大。茎维管束的增加有利于水稻抗倒伏（Wang et al.，2006；杨艳华 等，2012）。

叶解剖结构与盐碱地土壤条件存在密切关系（陈旭 等，2019），中度盐分胁迫会破坏叶片结构（洪文君 等，2017）。本研究中，除J3处理外，施加菌剂有利于增加主脉气腔数量；恢复清水有利于增加侧叶大维管束个数、小维管束个数和泡个数，施加菌剂有进一步的促进作用。刘球 等（2019）也证实施加外源添加剂可以优化叶片解剖结构，并且施加菌根真菌显著影响叶片结构并提高了叶片光合能力（李虹谕，2019）。但施加菌剂后大、小维管束周长和面积有一定程度降低；除J4处理外，其余菌剂处理均有利于增加泡的面积，以J2处理增幅最大。徐春梅（2016）研究发现茎基部和穗颈大维管束数目和单个维管束面积与产量构成因子间呈显著或极显著正相关。

综上可知，长期再生水灌溉下水稻生理受到抑制，抗氧化酶系统紊乱，而施加菌剂显著改变了水稻生理生化特性，增加了水稻叶片叶绿素量，降低了MDA量，提高了SOD活性和CAT活性，促进了光合能力的恢复，延缓了根系衰老，这主要是因为恢复清水灌溉并施加菌剂缓解了土壤对作物造成的盐分胁迫，具体表现为施加菌剂降低了土壤EC和pH值，减少了土壤中的Na^+，另外土壤速效养分的增加，为作物的快速生长提供了重要的物质基础。增加酵母菌施用量，增加了水稻生育后期叶片SPAD，导致水稻后期贪青，水稻干物质未向籽粒转移，影响产量形成。同时施加菌剂有利于基部茎节内外径的增加，这是水稻抗倒伏能力增强的重要生理特征；水稻倒二叶侧叶大维管束、小维管束数目以及泡数目均得到增加，为水分和养分在水稻内部的迁移以及光合能力的增强提供了良好的生理条件。

参考文献

白如霄，陈勇，王娟，等，2016. 土壤盐分对膜下滴灌水稻生长及产量的影响.
　　新疆农业科学，53（3）：473-480.

卜洪震，王丽宏，肖小平，等，2010. 双季稻区稻田不同土壤类型的微生物群
　　落多样性分析. 作物学报，36（5）：826-832.

蔡红丹，王碧盈，肖翠红，等，2019. 解磷、溶磷菌对水稻种子萌发的影响. 黑
　　龙江农业科学（7）：42-45.

曹彦强，王智慧，莫永亮，等，2019. 施肥和淹水管理对水稻土氨氧化微生物
　　数量的影响. 土壤学报，56（4）：1004-1011.

陈保宇，2017. 海藻精与微生物菌剂对水稻生长和产量的影响及应用前景分析.
　　南宁：广西大学.

陈芳，张康康，谷思诚，等，2019. 不同种类生物质炭及施用量对水稻生长及
　　土壤养分的影响. 华中农业大学学报，38（5）：57-63.

陈桂华，邓化冰，张桂莲，等，2016. 水稻茎秆性状与抗倒性的关系及配合力
　　分析. 中国农业科学，49（3）：407-417.

陈龙，张美玲，陈洪利，等，2019. 播期对辽南地区耐盐碱水稻生长发育及产
　　量的影响. 湖北农业科学，58（13）：11-15.

陈苏，谢建坤，黄文新，等，2018. 根际促生细菌对干旱胁迫下水稻生理特性
　　的影响. 中国水稻科学，32（5）：485-492.

陈小虎，曹国华，文明辉，等，2018. 土壤速效养分含量对水稻基础产量的影
　　响及估算. 中国稻米，24（6）：41-43，50.

陈笑莹，宋凤斌，朱先灿，等，2014. 低温胁迫下丛枝菌根真菌对玉米幼苗氮
　　代谢的作用. 华北农学报，29（4）：205-212.

陈旭，刘洪凯，赵春周，等，2019. 山东滨海盐碱地11个造林树种叶解剖特征
　　对土壤条件的响应. 植物生态学报，43（8）：697-708.

陈钰佩，高翠民，任彬彬，等，2017. 水分胁迫下氮素形态影响水稻根系通气

组织形成的生理机制.南京农业大学学报，40（2）：273-280.

邸琰茗，王广煊，黄兴如，等，2017.再生水补水对河道底泥细菌群落组成与功能的影响.环境科学，38（2）：743-751.

丁美月，2018.大肠杆菌O157：H7在不同土地利用类型的土壤中的存活行为及其影响因素.长春：吉林大学.

段雪娇，2015.微生物菌剂对水稻土土壤微生物数量及酶活性的影响.哈尔滨：东北农业大学.

方畅宇，屠乃美，张清壮，等，2018.不同施肥模式对稻田土壤速效养分含量及水稻产量的影响.土壤通报，50（29）：30-36.

符菁，赵远，赵利华，等，2019.基于光合菌剂的复合微生物菌肥对水稻产量及土壤酶活性的影响.西南农业学报，32（10）：2330-2336.

高翠民，2015.氮素形态影响水稻幼苗抗旱特性及根系通气组织形成机理的研究.南京：南京农业大学.

耿艳秋，金峰，朱明霞，等，2018.分蘖前期水分胁迫对苏打盐碱土水稻生理特性及产量的影响.吉林农业大学学报，40（2）：135-144.

郭彬，傅庆林，林义成，等，2012.滨海涂区水稻黄熟期不同排水时间对土壤盐分及水稻产量的影响.浙江农业学报，24（4）：658-662.

郭利君，2017.再生水氮素对滴灌玉米生长有效性的研究.北京：中国水利水电科学研究院.

郭魏，齐学斌，李平，等，2017.不同施氮水平下再生水灌溉对土壤细菌群落结构影响研究.环境科学学报，37（1）：208-287.

郭魏，齐学斌，李中阳，等，2015.不同施氮水平下再生水灌溉对土壤微环境的影响.水土保持学报，29（3）：311-315，319.

郭夏宇，艾治勇，2015.微生物菌剂肥对超级杂交水稻生长和产量的影响.湖南农业科学（4）：17-19.

郭相平，黄双双，王振昌，等，2017.不同灌溉模式对水稻抗倒伏能力影响的试验研究.灌溉排水学报，36（5）：1-5.

韩笑，卢磊，2019.根际促生菌提高水稻对非生物胁迫耐受性的研究进展.生命科学，31（3）：289-298.

韩洋，李平，齐学斌，等，2018.再生水不同灌水水平对土壤酶活性及耐热大肠菌群分布的影响. 环境科学, 39 (9)：4366-4374.

韩洋, 李平, 齐学斌, 等, 2019. 再生水灌水水平对土壤重金属及致病菌分布的影响. 中国环境科学, 39 (2)：723-731.

郝树荣, 董博豪, 周鹏, 等, 2018. 水分胁迫对超级稻生长发育和抗倒伏能力的影响. 灌溉排水学报, 37 (9)：1-8.

何胜德, 2006. 杂交水稻根际供氧对土壤氧化还原电位和产量的影响. 杂交水稻, 21 (3)：78-80.

何婷, 黄燕婷, 吴文杰, 2016. 腐植酸对盐胁迫下水稻幼苗生长和解剖结构的影响. 安徽农学通报, 22 (21)：25-27.

贺文员, 宋清晖, 杨尚霖, 等, 2018. 生物有机肥对水稻土壤酶活性及微生物群落结构的影响. 中国农学通报, 35 (27)：106-113.

洪文君, 申长青, 庄雪影, 等, 2017. 盐胁迫对竹柳幼苗生理响应及结构解剖的研究. 热带亚热带植物学报, 25 (5)：489-496.

侯文峰, 2019. 氮钾配施提高水稻产量及氮肥利用效率的生理机制. 武汉：华中农业大学.

侯亚玲, 周蓓蓓, 王全九, 2018. 枯草芽孢杆菌对盐碱土面蒸发及水盐分布的影响. 水土保持学报, 32 (2)：306-311.

侯亚玲, 周蓓蓓, 王全九, 等, 2017. 枯草芽孢杆菌对盐碱土水分运动和水稳性团聚体的影响. 水土保持学报, 31 (4)：105-111, 147.

胡亚杰, 韦建玉, 张纪利, 等, 2019. 枯草芽孢杆菌对植烟土壤养分含量与酶活性的影响. 作物研究, 33 (6)：561-566.

黄丽芬, 全晓艳, 张蓉, 等, 2014. 光氮及其互作对水稻干物质积累与分配的影响. 中国水稻科学, 28 (2)：167-176.

黄敏, 2016. 水稻根系解剖结构对水氮的响应及其与水氮吸收的关系. 武汉：华中农业大学.

姜佰文, 李贺, 王春宏, 等, 2013. 有机无机肥料配合施用对水稻干物质积累及运转的影响. 东北农业大学学报, 44 (5)：10-13.

蒋明金, 王海月, 何艳, 等, 2020. 氮肥管理对直播杂交水稻抗倒伏能力的影响. 核农学报, 34 (1)：157-168.

蒋南, 龚湛武, 陈力力, 等, 2019. 施用枯草芽孢杆菌的土壤养分含量与三大微生物间灰色关联分析.作物杂志（3）：142-149.

荆培培，崔敏，秦涛，等，2017.土培条件下不同盐分梯度对水稻产量及其生理特性的影响.中国稻米，23（4）：26-33.

库永丽，徐国益，赵骅，等，2018.微生物肥料对猕猴桃高龄果园土壤改良和果实品质的影响.应用生态学报，29（8）：2532-2540.

李合生，2000.植物生理生化实验原理和技术.北京：高等教育出版社.

李虹谕，2019.接种菌根真菌对水曲柳苗木根系吸收策略和叶片光合特性的影响.哈尔滨：东北林业大学.

李金才，尹钧，魏凤珍，2005.播种密度对冬小麦茎秆形态特征和抗倒指数的影响.作物学报，31（5）：662-666.

李竞，马红霞，郑恩峰，2017.再生水灌溉对园林植物叶片生理及根际土壤特性的影响.水土保持研究（4）：70-76.

李丽，韩周，张昀，等，2019.减氮配施微生物菌剂对水稻根系发育及土壤酶活性的影响.辽宁农业科学，50（4）：932-939.

李明，双宝，李海涛，等，2009.枯草芽孢杆菌的研究与应用.东北农业大学学报，40（9）：111-114.

李瑞姣，陈献志，岳春雷，等，2018.干旱胁迫对日本荚蒾幼苗光合生理特性的影响.生态学报，38（6）：1-6.

李文略，熊晖，陈常理，等，2019.微生物菌肥对绿芦笋丰岛 1 号产量和品质的影响.浙江农业科学，60（2）：212-214，247.

李想，巫杨捷，张健，等，2019.粘红酵母菌剂对花生生长及土壤细菌群落的影响.北京农学院学报，34（4）：26-31.

李小磊，李影，姜桂英，等，2019.生物炭配施有机菌肥对豫中植烟土壤氮素迁移特征的影响.河南农业大学学报，53（4）：621-629.

李晓娟，梁开明，钟旭华，等，2017.拔节期光强对水稻抗倒伏能力的影响及机理.华南农业大学学报，38（6）：34-43.

栗岩峰，李久生，2010.再生水加氯对滴灌系统堵塞及番茄产量与氮素吸收的影响.农业工程学报，26（2）：18-24.

栗岩峰，李久生，赵伟霞，等，2015.再生水高效安全灌溉关键理论与技术研究进展.农业机械学报，46（6）：102-110.

栗岩峰，温江丽，李久生，2014. 再生水水质与滴灌灌水技术参数对番茄产量和品质的影响. 灌溉排水学报，33（4/5）：204-208.

廖雄辉，周晓澈，蔡丹，等，2019. 南荻炭基土壤调理剂施用对水稻光合特性及产量的影响. 中国农业科技导报，21（8）：132-139.

林贤青，朱德峰，林兴军，等，2009. 不同灌溉和施肥方式对杂交稻生长和根际环境的影响. 灌溉排水学报，28（4）：90-92.

刘安世，1989. 水稻土的氧化还原电位与水稻土分类. 华中农业大学学报（S1）：147-150.

刘明，李忠佩，路磊，等，2009. 添加不同养分培养下水稻土微生物呼吸和群落功能多样性变化. 中国农业科学，42（3）：1108-1115.

刘球，吴际友，杨硕知，等，2019. 叶面喷施外源多胺对干旱胁迫下红椿叶片解剖结构的修复效果. 中南林业科技大学学报，39（3）：16-22.

刘全凤，孙一，赖德强，等，2018. 微生物菌肥对盐渍化土壤夏玉米减施氮肥的效应研究. 河北农业科学，22（2）：58-60.

刘晓龙，徐晨，季平，等，2021. 盐胁迫下水稻叶绿素荧光特性与离子积累的相关性分析. 分子植物育种（3）：972-982.

刘一江，都林娜，康华靖，2019. 微生物菌剂对水稻植株性状、产量及土壤理化性质的影响. 中国稻米，25（6）：39-42.

刘正，高佳，高飞，等，2019. 综合农艺管理提高夏玉米产量和养分利用效率的潜力. 植物营养与肥料学报，25（11）：1847-1855.

柳沈辉，伍俊为，黄裕钧，等，2018. 枯草芽孢杆菌对嘉宝果地上部生长和叶绿素含量的影响. 福建农业学报，33（7）：714-716.

鲁如坤，1999. 土壤农业化学分析方法. 北京：中国农业科技出版社.

陆海飞，郑金伟，余喜初，等，2015. 长期无机有机肥配施对红壤性水稻土微生物群落多样性及酶活性的影响. 植物营养与肥料学报，21（3）：632-643.

陆红飞，郭相平，甄博，等，2017. 旱涝交替胁迫对粳稻分蘖期叶片解剖结构的影响. 农业工程学报，33（7）：116-122.

陆景陵，2003. 植物营养学（上册）. 北京：中国农业大学出版社.

罗玉兰，田龚，张冬梅，等，2015. 微生物菌剂对连栋大棚土壤养分及硝态氮累积的影响. 中国农学通报，31（13）：224-228.

麻雪艳，周广胜，2018. 夏玉米叶片气体交换参数对干旱过程的响应. 生态学报，38（7）：1-11.

马福生，刘洪禄，吴文勇，等，2008. 再生水灌溉对冬小麦根冠发育及产量的影响. 农业工程学报，24（2）：57-63.

马佳颖，李娜，苍柏峰，等，2019. 不同菌剂与壮秧剂组合施用对水稻秧苗生长的影响. 北方水稻（4）：17-19.

马均，马文波，田彦华，等，2014. 重穗型水稻植株抗倒伏能力的研究. 作物学报，30（2）：143-148.

马晓鹏，莫彦，吕玉平，等，2019. 不同灌水量与每穴直播粒数对滴灌水稻生长发育及产量的影响. 灌溉排水学报，38（9）：1-9.

莫永生，蔡中全，杨亲琼，等，2008. 高大韧稻茎秆的抗折力研究. 中国农学通报，24（2）：193-198.

潘丽媛，肖炜，董艳，等，2016. 超高产生态区水稻根际微生物物种及功能多样性研究. 农业资源与环境学报，33（6）：583-590.

潘孝晨，唐海明，肖小平，等，2019. 不同土壤耕作方式下稻田土壤微生物多样性研究进展. 中国农学通报，35（23）：51-57.

庞桂斌，徐征和，杨士红，等，2017. 控制灌溉水稻叶片水分利用效率影响因素分析. 农业机械学报，48（4）：233-241.

彭世彰，艾丽坤，和玉璞，等，2014. 稻田灌排耦合的水稻需水规律研究. 水利学报，45（3）：320-325.

钱海燕，杨滨娟，黄国勤，等，2012. 秸秆还田配施化肥及微生物菌剂对水田土壤酶活性和微生物数量的影响. 生态环境学报，21（3）：48-53.

沙月霞，2018. 不同水稻组织内生细菌的群落多样性微生物学报. 微生物学报，58（12）：2216-2228.

沙月霞，沈瑞清，2019. 芽孢杆菌浸种对水稻内生细菌群落结构的影响. 生态学报，39（22）：8442-8451.

商艳玲，李毅，朱德兰，2012. 再生水灌溉对土壤斥水性的影响. 农业工程学报，28（21）：89-97.

沈仁芳，赵学强，2015. 土壤微生物在植物获得养分中的作用. 生态学报，35（20）：6584-6591.

施宠, 李阳, 黄长福, 等, 2016. 再生水中的Pb对萝卜根际土壤微生物群落结构的影响研究. 环境保护科学, 42 (4): 90-96.

宋凤敏, 2012. 酵母菌在环境污染治理中的应用与进展. 环境科学与技术, 35 (5): 71-75.

孙红星, 赵全勇, 王勇, 2018. 再生水及土壤类型对绿化树种耗水和生长的影响. 灌溉排水学报, 37 (10): 55-62.

孙洪仁, 张吉萍, 江丽华, 等, 2018. 我国水稻土壤有效磷和速效钾丰缺指标与适宜磷钾施用量研究. 中国稻米, 24 (5): 5-14.

孙洪仁, 张吉萍, 江丽华, 等, 2019. 中国水稻土壤氮素丰缺指标与适宜施氮量. 中国农学通报, 35 (11): 88-93.

唐海明, 2019. 不同土壤耕作模式对双季水稻生理特性与产量的影响. 作物学报, 45 (5): 740-754.

唐海明, 肖小平, 李微艳, 等, 2016. 长期施肥对双季稻田根际土壤微生物群落功能多样性的影响. 生态环境学报, 25 (3): 402-408.

田志杰, 2017. 盐碱胁迫下水稻磷素吸收利用转运特征的研究. 北京: 中国科学院大学.

汪敦飞, 郑新宇, 肖清铁, 等, 2019. 铜绿假单胞菌对镉胁迫苗期水稻根系活力及叶片生理特性的影响. 应用生态学报, 30 (8): 2767-2774.

王斌, 李玉娥, 万运帆, 等, 2014. 控释肥和添加剂对双季稻温室气体排放影响和减排评价. 中国农业科学, 47 (2): 314-323.

王婧, 逢焕成, 李玉义, 等, 2012. 微生物菌肥对盐渍土壤微生物区系和食葵产量的影响. 农业环境科学学报, 31 (11): 2186-2191.

王丽花, 杨秀梅, 谭程仁, 等, 2018. 枯草芽孢杆菌Y1336对月季白粉病防效及土壤元素含量的影响. 西南农业学报, 31 (12): 131-136.

王梦姣, 杨国鹏, 2018. 根际土壤元素与水稻产量及产量构成因素的相关性. 西南农业学报, 31 (11): 113-121.

王梦雅, 符云鹏, 贾辉, 等, 2018. 不同菌肥对土壤养分、酶活性和微生物功能多样性的影响. 中国烟草科学, 39 (1): 57-63.

王敏, 2011. 关于水稻颖果发育的研究. 扬州: 扬州大学.

王茜, 郇环, 王红瑞, 等, 2018. 再生水利用对土壤和地下水的影响研究综述.

南水北调与水利科技, 16 (4): 104-113.

王世强, 魏赛金, 杨陶陶, 等, 2015. 链霉菌JD211对水稻幼苗促生作用及土壤细菌多样性的影响. 土壤学报, 52 (3): 673-681.

王万宁, 强小嫚, 刘浩, 等, 2017. 麦前深松对夏玉米土壤物理性状和生长特性的影响. 水土保持学报, 31 (6): 229-236.

王维金, 徐珍秀, 1994. 不同品种水稻剑叶和穗颈大维管束和扫描电镜观察. 华中农业大学学报, 13 (5): 518-520.

王相平, 杨劲松, 姚荣江, 等, 2014. 微咸水灌溉对苏北海涂水稻产量及土壤盐分分布的影响. 灌溉排水学报, 33 (2): 107-109.

王晓洁, 卑其成, 刘钢, 等, 2020. 不同类型水稻土微生物群落结构特征及其影响因素. 土壤学报, 58 (3): 767-776.

王旭明, 赵夏夏, 陈景阳, 等, 2019a. 盐胁迫下海水稻抗逆生理响应分析. 中国生态农业学报 (中英文), 27 (54): 747-756.

王旭明, 赵夏夏, 周鸿凯, 等, 2019b. NaCl胁迫对不同耐盐性水稻某些生理特性和光合特性的影响. 热带作物学报, 40 (5): 58-66.

王振, 2017. 复合微生物菌剂对水稻生长发育影响研究. 沈阳: 沈阳农业大学.

韦海波, 毛心怡, 毛立晖, 等, 2018. 干旱胁迫对长雄野生稻根际微生物群落结构的影响. 南昌大学学报 (理科版), 42 (6): 596-602.

魏永霞, 侯景翔, 吴昱, 等, 2019. 旱直播种植对水稻植株水分分布与抗倒伏特性的影响. 农业机械学报, 50 (2): 234-248.

文孝荣, 赵志强, 王奉斌, 等, 2019. 控制灌溉对南疆水稻品种生长及产量的影响. 中国稻米, 25 (3): 108-111.

吴超, 曲东, 刘浩, 2014. 初始pH值对碱性和酸性水稻土微生物铁还原过程的影响. 生态学报, 34 (4): 933-942.

吴晶, 王娟娟, 朱腾义, 等, 2018. 不同施肥和栽培措施对水稻土壤微生物多样性的影响综述. 江苏农业科学, 46 (10): 14-17.

吴立群, 蔡志欢, 张桂莲, 等, 2018. 低温对不同耐冷性水稻品种秧苗生理特性及根尖解剖结构的影响. 中国农业气象, 39 (12): 805-813.

吴讷, 邵嘉薇, 盛荣, 等, 2019. 水稻分蘖期和孕穗期根际反硝化菌群落结构及功能变化. 应用生态学报, 30 (4): 269-275.

吴秀红, 戚厚芸, 孙婷, 等, 2018. 内生菌根菌剂对水稻秧苗生长及生理特性的影响. 江苏农业科学, 46（21）: 65-68.

武珈亦, 黄洁, 白志刚, 等, 2020. 盐胁迫下外源功能微生物调控水稻生长特征研究. 中国稻米, 26（1）: 34-36.

郗蓓蓓, 叶建仁, 2020. 高效钾细菌的筛选鉴定及对植物的促生长效应. 河南农业科学, 49（2）: 81-88.

辛侃, 赵娜, 邓小垦, 等, 2014. 香蕉—水稻轮作联合添加有机物料防控香蕉枯萎病研究. 植物保护, 40（6）: 36-41, 52.

邢嘉韵, 兰时乐, 李姣, 等, 2017. 巨大芽孢杆菌和枯草芽孢杆菌混合对马铃薯生长及土壤微生物含量的影响. 湖南农业大学学报（自然科学版）, 43（4）: 377-381.

邢志鹏, 吴培, 朱明, 等, 2017. 机械化种植方式对不同品种水稻株型及抗倒伏能力的影响. 农业工程学报, 33（1）: 52-62.

宿庆瑞, 李卫孝, 迟凤琴, 2006. 有机肥对土壤盐分及水稻产量的影响. 中国农学通报（4）: 299-301.

徐春梅, 2016. 水稻根际氧浓度对分蘖期根系形态和氮代谢的影响机制. 南昌: 江西农业大学.

徐洪宇, 孙兴权, 张强, 等, 2017. 枯草芽孢杆菌有机肥对土壤条件及烤烟产质量的影响. 湖南农业科学（7）: 55-58, 64.

薛欣欣, 李小坤, 2018. 施钾量对水稻干物质积累及吸钾规律的影响. 江西农业大学学报, 40（5）: 905-913.

严建辉, 2018. 施用复合微生物菌剂对几种农作物产量品质及土壤养分状况影响的研究. 农学学报, 8（12）: 25-39.

杨成德, 崔月贞, 冯中红, 等, 2019. 内生枯草芽孢杆菌265ZY4对温度和紫外光胁迫下紫花针茅生化特征的影响. 草业学报, 28（6）: 101-108.

杨华, 陈莎莎, 冯哲叶, 等, 2017. 土壤微生物与有机物料对盐碱土团聚体形成的影响. 农业环境科学学报, 36（10）: 2080-2085.

杨生龙, 王兴盛, 强爱玲, 等, 2010. 不同灌溉方式对水稻产量及产量构成因子的影响. 中国稻米, 16（1）: 49-51.

杨艳华, 朱镇, 张亚东, 等, 2012. 水稻茎秆解剖结构与抗倒伏能力关系的研究.广西植物,32(6):834-839.

杨自超,许宁,王雪蓉,等,2018.钾肥配施枯草芽孢杆菌对马铃薯黄萎病发病率和生长的影响.西南农业学报,31(12):2575-2581.

叶廷红,李鹏飞,侯文峰,等,2020.早稻、晚稻和中稻干物质积累及氮素吸收利用的差异.植物营养与肥料学报,26(2):212-222.

尹爱经,薛利红,杨林章,等,2017.生活污水氮磷浓度对水稻生长及氮磷利用的影响.农业环境科学学报,36(4):768-776.

袁红朝,吴昊,葛体达,等,2015.长期施肥对稻田土壤细菌、古菌多样性和群落结构的影响.应用生态学报,26(6):1807-1813.

张芳,林绍艳,徐颖洁,2014.水稻连作对江苏地区稻田土细菌微生物多样性的影响.山东农业大学学报:自然科学版,45(2):161-165.

张国萍,倪日群,赵新亮,等,2002.水引发时干旱胁迫下水稻种子发芽与幼苗生长的影响.种子(2):20-22.

张静,可文静,刘娟,等,2019.不同深度土壤控水对稻田土壤微生物区系及细菌群落多样性的影响.中国生态农业学报(中英文),27(2):277-285.

张立成,肖卫华,彭沛宇,等,2018.稻—稻—油菜轮作土壤细菌群落的特征.应用与环境生物学报,24(2):276-280.

张丽娜,塔秀成,黄伟,等,2018.微生物菌肥对萝卜土壤微生物及酶活性的影响.江苏农业科学,46(15):93-96.

张联合,李友军,苗艳芳,等,2010.pH对水稻离体根系吸收亚硒酸盐生理机制的影响.土壤学报,47(3):523-528.

张秋英,欧阳由男,戴伟民,等,2005.水稻基部伸长节间性状与倒伏相关性分析及QTL定位.作物学报,31(6):712-717.

张蕊,2019.冻融循环条件下大肠杆菌O157:H7在土壤中的存活研究.长春:吉林大学.

张铁军,宋蠹森,陈莉荣,等,2016.再生水灌溉对土壤盐渍化与重金属累积影响研究.节水灌溉(12):72-75.

张文锋,时红,才硕,等,2018.不同灌溉和栽培方式对红壤性水稻土微生物群落结构及多样性的影响.江西农业学报,30(3):11-16.

张雅楠,张昀,燕香梅,等,2019.氮肥减施配施菌剂对水稻生长及土壤有效养分的影响. 土壤通报, 50（3）：655-661.

张艳波, 彭其安, 2016. 水稻秸秆还田对稻田土壤N$_2$O排放的影响. 湖北农业科学, 55（10）：2539-2543, 2554.

张英, 2005. 水稻维管束性状及与其相关性状分析. 沈阳：沈阳农业大学.

张忠学, 冯子珈, 齐智娟, 等, 2019. 节水灌溉下复合微生物有机肥对水稻光合与产量的影响. 农业机械学报, 50（7）：313-321.

赵黎明, 顾春梅, 王士强, 等, 2019. 播期对寒地水稻生长发育及产量和品质的影响. 中国农学通报, 35（21）：1-6.

赵乾旭, 史静, 张仕颖, 等, 2017. 土著丛枝菌根真菌（AMF）与不同形态氮对紫色土间作大豆生长及氮利用的影响. 菌物学报, 36（7）：983-995.

甄博, 郭相平, 陆红飞, 等, 2017. 分蘖期旱涝交替胁迫对水稻生理指标的影响. 灌溉排水学报, 36（5）：36-40.

甄博, 郭相平, 陆红飞, 等, 2018. 旱涝交替胁迫对拔节期水稻生长和土壤氧化还原电位的影响. 灌溉排水学报, 37（10）：42-47.

郑亭, 陈溢, 樊高琼, 等, 2013. 株行配置对带状条播小麦群体光环境及抗倒伏性能的影响. 中国农业科学, 46（8）：1571-1582.

仲洋洋, 李向东, 宋均轲, 2014. 再生水灌溉对玉米幼苗品质的影响. 节水灌溉（12）：23-28.

周蓓蓓, 侯亚玲, 王全九, 2018. 枯草芽孢杆菌改良盐碱土过程中水盐运移特征. 农业工程学报, 34（6）：104-110.

周劲松, 闫平, 张伟明, 等, 2017. 生物炭对东北冷凉区水稻秧苗根系形态建成与解剖结构的影响. 作物学报, 43（1）：72-81.

周陆波, 韩烈保, 苏德荣, 等, 2005. 再生水灌溉对草坪草生长的影响. 节水灌溉（1）：5-8.

周世宁, 2007. 现代微生物生物技术. 北京：高等教育出版社.

周晚来, 易永健, 屠乃美, 等, 2018. 根际增氧对水稻根系形态和生理影响的研究进展. 中国生态农业学报（中英文）, 26（3）：367-376.

周艳超, 吴艳红, 田兴武, 等, 2019. 纳米碳与枯草菌对黄瓜幼苗生长及土壤环境的影响. 浙江农业学报, 31（3）：392-400.

朱金山, 张慧, 马连杰, 等, 2018. 不同沼灌年限稻田土壤微生物群落分析. 环境科学，39（5）：432-443.

朱舒亮，刘胜亮，李静，等，2018. 植物根际促生细菌菌肥对新疆灰枣根际土壤解钾效果及其与有机酸的相关性. 江苏农业科学，46（19）：125-128.

朱永官，沈仁芳，贺纪正，等，2017. 中国土壤微生物组：进展与展望. 中国科学院院刊，32（6）：554-565.

濑古秀生，1962. 水稻の倒伏に関する研究. 九州农试汇报（7）：419-495.

ABIKO T, KOTULA L, SHIONO K, et al., 2012. Enhanced formation of aerenchyma and induction of a barrier to radial oxygen loss in adventitious roots of *Zea nicaraguensis* contribute to its waterlogging tolerance as compared with maize (*Zea mays* ssp. *mays*). Plant, Cell and Environment, 35: 1618-1630.

ABIKO T, OBARA M, 2004. Enhancement of porosity and aerenchyma formation in nitrogen-deficient rice roots. Plant Science, 215: 76-83.

AIELLO R, CIRELLI G L, CONSOLI S, 2007. Effects of reclaimed wastewater irrigation on soil and tomato fruits: a case study in Sicily (Italy). Agricultural Water Management, 93 (1-2): 65-72.

AIT-MOUHEB N, BAHRI A, THAYER B B, et al., 2018. The reuse of reclaimed water for irrigation around the Mediterranean Rim: a step towards a more virtuous cycle? Regional Environmental Change, 18 (3): 693-705.

ALAM M M, HASANUZZAMAN M, NAHAR K, 2009. Tiller dynamics of three irrigated rice varieties under varying phosphorus levels. American-Eurasian Journal of Agronomy, 2 (2): 89-94.

ALAM M, KHALIQ A, SATTAR A, et al., 2011. Synergistic effect of arbuscular mycorrhizal fungi and *Bacillus subtilis* on the biomass and essential oil yield of rose-scented geranium (*Pelargonium graveolens*). Archives of Agronomy and Soil Science, 57: 889-898.

ALONSO L M, KLEINER D, ORTEGA E, 2008. Spores of the mycorrhizal fungus *Glomus mosseae* host yeasts that solubilize phosphate and accumulate polyphosphates. Mycorrhiza, 18 (4): 197-204.

AL-JASSIM N, ANSARI M I, HARB M, et al., 2015. Removal of bacterial contaminants and antibiotic resistance genes by conventional wastewater treatment processes in Saudi Arabia: is the treated wastewater safe to reuse for agricultural irrigation? Water Resource, 73: 277-290.

AMPONSAH O, VIGRE H, BRAIMAH I, et al., 2016. The policy implications of urban open space commercial vegetable farmers' willingness and ability to pay for reclaimed water for irrigation in Kumasi, Ghana. Heliyon, 2 (3): e00078.

AMPRAYN K, ROSE M T, KECSKÉS M, et al., 2012. Plant growth promoting characteristics of soil yeast (*Candida tropicalis* HY) and its effectiveness for promoting rice growth. Applied Soil Ecology, 61: 295-299.

ANANE M, SELMI Y, LIMAM A, et al., 2014. Does irrigation with reclaimed water significantly pollute shallow aquifer with nitrate and salinity? An assay in a perurban area in North Tunisia. Environmental Monitoring and Assessment, 186 (7): 4367-4390.

ARSOVA B, FOSTER K J, SHELDEN M C, et al., 2020. Dynamics in plant roots and shoots minimize stress, save energy and maintain water and nutrient uptake. New Phytologist, 225 (3): 1111-1119.

ASADU C L A, NWAFOR I A, CHIBUIKE G U, 2015. Contributions of microorganisms to soil fertility in adjacent forest, fallow and cultivated land use types, in Nsukka, Nigeria. International Journal of Agricultural and Forestry, 5 (3): 199-204.

BAKHSHANDEH E, PIRDASHTI H, LENDEH K S, 2017. Phosphate and potassium-solubilizing bacteria effect on the growth of rice. Ecological Engineering, 103: 164-169.

BARNETT J A, PAYNE R W, YARROW D, 1990. Yeasts Characteristics andIdentification. London: Cambridge University Press.

BASTIDA F, TORRES I F, ABAD A J, et al., 2018. Comparing the impacts of drip irrigation by freshwater and reclaimed wastewater on the soil microbial community of two citrus species. Agricultural Water Management, 203: 53-62.

BERTELI F, CORRALES E, GUERRERO C, et al., 2008. Salt stress increases ferredoxin - dependent glutamate synthase activity and protein level in the leaves of tomato. Physiologia Plantarum, 9: 259-264.

BOARD J E, MODALI H, 2005. Dry matter accumulation predictors for optimal yield in soybean. Crop Science, 45: 1790-1799.

BOBY V U, BALAKRISHNA A N, BAGYARAJ D J, 2008. Interaction between Glomus mosseae and soil yeasts on growth and nutrition of cowpea. Microbiological Research, 163（6）: 693-700.

BOTHA A, 2011. The importance and ecology of yeasts in soil. Soil Biology and Biochemistry, 43（1）: 1-8.

BRABCOV V, ŠTURSOV M, BALDRIAN P, 2018. Nutrient content affects the turnover of fungal biomass in forest topsoil and the composition of associated microbial communities. Soil Biology and Biochemistry, 118: 187-198.

BÜNEMANN E K, BOSSIO D A, SMITHSON P C, et al., 2004. Microbial community composition and substrate use in a highly weathered soil as affected by crop rotation and P fertilization. Soil Biology and Biochemistry, 36（6）: 889-901.

CAI K, LUO S, DUAN S, 2003. The response of the rice root system to nitrogen conditions underroot conf inement. Acta Ecologica Sinica, 23（6）: 1109-1116.

ÇAKIR R, 2004. Effect of water stress at different development stages on vegetative and reproductive growth of corn. Field Crops Research, 89: 1-16.

CALDERÓN F J, NIELSEN D, ACOSTA-MARTÍNEZ V, et al., 2016. Cover crop and irrigation effects on soil microbial communities and enzymes in semiarid agroecosystems of the Central Great Plains of North America. Pedosphere, 26（2）: 192-205.

CEREZO M, CAMANES G, FLORS V, et al., 2007. Regulation of nitrate transport in citrus rootstocks depending on nitrogen availability. Plant Signaling & Behavior, 2（5）: 337-342.

CHEN C, BAUSKE E M, MUSSON G, et al., 1995. Biological control of *Fusarium wilt* on cotton by use of endophytic bacteria. Biological Control, 5（1）: 83-91.

CHEN W, LU S, JIAO W, et al., 2013. Reclaimed water: a safe irrigation water source? Environmental Development, 8: 74-83.

CHIOU R J, 2008. Risk assessment and loading capacity of reclaimed wastewater to be reused for agricultural irrigation. Environmental Monitoring and Assessment, 142（1-3）: 255-262.

CHOWDAPPA P, MOHAN KUMAR S P, JYOTHI LAKSHMI M, et al., 2013. Growth stimulation and induction of systemic resistance in tomato against early and late blight by *Bacillus subtilis* OTPB1 or *Trichoderma harzianum* OTPB3. Biological Control, 65（1）: 109-117.

CLERGET B, BUENO C, 2013. The effect of aerobic soil conditions, soil volume and sowing date on the development of four tropical rice varieties grown in the greenhouse. Functional Plant Biology, 40（1）: 79-88.

COLMER T D, 2003. Aerenchyma and an inducible barrier to radial oxygen loss facilitate root aeration in upland, paddy and deep-water rice（*Oryza sativa* L.）. Annals of Botany, 91（2）: 301-309.

COLMER T D, GIBBERED M R, WIENGWEERA A, et al., 1998. The barrier to radial oxygen loss from roots of rice（*Oryza sativa* L.）is induced by growth in stagnant solution. Journal of Experimental Botany, 49（325）: 1431-1436.

CUI H, TAKEOKA Y, WADA T, 1995. Effect of sodium chloride on the panicle and spikelet morphogenesis in rice: I. External shoot morphology during young panicle formation. Japanese Journal of Crop Science, 64（3）: 587-592.

DALIAKOPOULOS I N, APOSTOLAKIS A, WAGNER K, et al., 2019. Effectiveness of *Trichoderma harzianum* in soil and yield conservation of tomato crops under saline irrigation. Catena, 175: 144-153.

DENG S, YAN X, ZHU Q, et al., 2019. The utilization of reclaimed water: possible risks arising from waterborne contaminants. Environmental Pollution, 254（PtA）: 113020.

DERY J L, ROCK C M, GOLDSTEIN R R, et al., 2019. Understanding grower perceptions and attitudes on the use of nontraditional water sources, including reclaimed or recycled water, in the semi-arid Southwest United States.

Environmental Research, 170: 500-509.

DEVILLER G, LUNDY L, FATTA-KASSINOS D, 2020. Recommendations to derive quality standards for chemical pollutants in reclaimed water intended for reuse in agricultural irrigation. Chemosphere, 240: 124911.

DIHAZI A, JAITI F, TAKTAK W, et al., 2012. Use of two bacteria for biological control of bayoud disease caused by *Fusarium oxysporum* in date palm (*Phoenix dactylifera* L.) seedlings. Plant Physiology and Biochemistry, 55: 7-15.

DOLFERUS R, JI X M, RICHARDS R A, 2011. Abiotic stress and control of grain number in cereals. Plant Science, 181 (4): 331-341.

DOUGLAS P, COLLINS B J J, 2003. Optimizing a *Bacillus subtilis* isolate for biological control of sugar beet cercospora leaf spot. Biological Control, 26: 153-161.

DU J, SHEN T, XIONG Q, et al., 2020. Combined proteomics, metabolomics and physiological analyses of rice growth and grain yield with heavy nitrogen application before and after drought. BMC Plant Biology, 20 (1): 556.

EL-NAHRAWY S, ELHAWAT N, ALSHAAL T, 2019. Biochemical traits of *Bacillus subtilis* MF497446: its implications on the development of cowpea under cadmium stress and ensuring food safety. Ecotoxicology and Environmental Safety, 180: 384-395.

EL-TARABILY K A, 2004. Suppression of *Rhizoctonia solani* diseases of sugar beet by antagonistic and plant growth-promoting yeasts. Journal of Applied Microbiology, 96 (1): 69-75.

EL-TARABILY K A, SIVASITHAMPARAM K, 2006. Potential of yeasts as biocontrol agents of soil-borne fungal plant pathogens and as plant growth promoters. Mycoscience, 47: 25-35.

EREL R, EPPEL A, YERMIYAHU U, et al., 2019. Long-term irrigation with reclaimed wastewater: implications on nutrient management, soil chemistry and olive (*Olea europaea* L.) performance. Agricultural Water Management, 213: 324-335.

ETESAMI H, ALIKHANI H A, 2016. Co-inoculation with endophytic and rhizosphere bacteria allows reduced application rates of N-fertilizer for rice plant. Rhizosphere, 2: 5–12.

EVANS D E, 2003. Aerenchyma formation. New Phytologist, 161 (1): 35–49.

FALIh A M, WAINWRIGHT M, 1995. Nitrification, S-oxidation and P-solubilization by the soil yeast *Williopsis californica* and by *Saccharomyces cerevisiae*. Mycological Research, 99 (2): 200–204.

FENG G, ZHANG F S, LI X L, et al., 2002. Improved tolerance of maize plants to salt stress by arbuscular mycorrhiza is related to higher accumulation of soluble sugars in roots. Mycorrhiza, 12 (4): 185–190.

FENG Y, GROGAN P, CAPORASO J G, et al., 2014. pH is a good predictor of the distribution of anoxygenic purple phototrophic bacteria in Arctic soils. Soil Biology and Biochemistry, 74: 193–200.

FONSECA A F D, HERPIN U, PAULA A M D, et al., 2007. Agricultural use of treated sewage effluents: agronomic and environmental implications and perspectives for Brazil. Scientia Agricola, 4 (3): 194–209.

GARCIA-GUTIERREZ M S, ORTEGA-ALVARO A, BUSQUETS-GARCIA A, et al., 2013. Synaptic plasticity alterations associated with memory impairment induced by deletion of CB2 cannabinoid receptors. Neuropharmacology, 73: 388–396.

GARLAND J L, MILLS A L, 1991. Classification and characterization of heterotrophic microbial communitie sbased on patterns of community-level sole-carbon-source utilization. Applied and Environinental Microbiology, 57 (8): 2351–2359.

GERONA M E B, DEOCAMPO M P, EGDANE J A, et al., 2019. Physiological responses of contrasting rice genotypes to salt stress at reproductive stage. Rice Science, 26 (4): 207–219.

GHOLIZADEH A, SABERIOON M, BORUVKA L, et al., 2017. Leaf chlorophyll and nitrogen dynamics and their relationship to lowland rice yield for site-specific paddy management. Information Processing in Agriculture, 4

（4）：259-268.

GHOULAM C, FOURSY A, FARES K, 2002. Effects of salt stress on growth, inorganic ions and proline accumulation in relation to osmotic adjustment in five sugar beet cultivars. Environmental and Experimental Botany, 47（1）：39-50.

GOLLNER M J, PSCHEL D, RYDLOV J, et al., 2006. Effect of inoculation with soil yeasts on mycorrhizal symbiosis of maize. Pedobiologia, 50（4）：341-345.

GOTZE P, RUCKNAGEL J, JACOBS A, et al., 2016. Environmental impacts of different crop rotations in terms of soil compaction. Journal of Environmental Management, 181：54-63.

GOWDA V R P, HENRY A, YAMAUCHI A, et al., 2011. Root biology and genetic improvement for drought avoidance in rice. Field Crops Research, 122（1）：1-13.

GROBKINSKY D K, TAFNER R, MORENO M V, et al., 2016. Cytokinin production by *Pseudomonas fluorescens* G20-18determines biocontrol activity against *Pseudomonas syringae* in Arabidopsis. Scientific Reports, 6：23310.

GU J, HU B, JIA Y, et al., 2019. Effects of salt stress on root related traits and yield of rice. Crops, 4：176-182.

GUO W, ANDERSEN M N, QI X B, et al., 2017. Effects of reclaimed water irrigation and nitrogen fertilization on the chemical properties and microbial community of soil. Journal of Integrative Agriculture, 16（3）：679-690.

GUO W, QI X, XIAO Y, et al., 2018. Effects of reclaimed water irrigation on microbial diversity and composition of soil with reducing nitrogen fertilization. Water, 10（4）：365.

HAMILTON K A, HAMILTON M T, JOHNSON W, et al., 2018. Health risks from exposure to *Legionella* in reclaimed water aerosols：toilet flushing, spray irrigation, and cooling towers. Water Resource, 134：261-279.

HAMMAD S A R, ALI O A M, 2014. Physiological and biochemical studies on drought tolerance of wheat plants by application of amino acids and yeast extract. Annals of Agricultural Sciences, 59（1）：133-145.

HE B, HE J, WANG J, et al., 2018. Characteristics of GHG flux from water-air interface along a reclaimed water intake area of the Chaobai River in Shunyi, Beijing. Atmospheric Environment, 172: 102–108.

HE Y, JIANYUN Z, SHIHONG Y, et al., 2019. Effect of controlled drainage on nitrogen losses from controlled irrigation paddy fields through subsurface drainage and ammonia volatilization after fertilization. Agricultural Water Management, 221: 231–237.

HENRY A, CAL A J, BATOTO T, et al., 2012. Root attributes affecting water uptake of rice (*Oryza sativa* L.) under drought. Journal of Experimental Botany, 63: 4751–4763.

HOQUE M I U, UDDIN MN, FAKIR M S A, et al., 2018. Drought and salinity affect leaf and root anatomical structures in three maize genotypes. Journal of the Bangladesh Agricultural University, 16 (1) : 47–55.

HOSSAIN K A, HO R IUCHI T, MIYAGAWA S, 1998. Effects of powdered rice chaff application on lodging resistance, Si and N contents and yield components of rice (*Oryza sativa* L.) under shaded conditions. Acta Agron Hungarica, 46 (3) : 273–281.

HOU H, PENG S, XU J, et al., 2012. Seasonal variations of CH_4 and N_2O emissions in response to water management of paddy fields located in Southeast China. Chemosphere, 89 (7) : 884–892.

HOU H, YANG S, WANG F, et al., 2016. Controlled irrigation mitigates the annual integrative global warming potential of methane and nitrous oxide from the rice–winter wheat rotation systems in Southeast China. Ecological Engineering, 86: 239–246.

HU C, QI Y, 2013. Long-term effective microorganisms application promote growth and increase yields and nutrition of wheat in China. European Journal of Agronomy, 46: 63–67.

HU Y, WU W, XU D, et al., 2018. Impact of long-term reclaimed water irrigation on trace elements contents in agricultural soils in Beijing, China. Water, 10 (12) : 1716.

HUANG M, ZOU Y B, JIANG P, et al., 2011. Relationship between grain yield and yield components in super hybrid rice. Agricultural Sciences in China, 10 (10): 1537-1544.

HUSSAIN M, AHMAD S, HUSSAIN S, et al., 2018. Rice in saline soils: physiology, biochemistry, genetics, and management. Advances in Agronomy, 148: 231-287.

ISLAM M S, PENG S B, VISPERAS R M, et al., 2007. Lodging-related morphological traits of hybrid rice in a tropical irrigated ecosystem. Field Crops Research, 101: 240-248.

JACKSON M B, ARMSTRONG W, 1999. Formation of aerenchyma and the process of plant ventilation in relation to soil flooding and submergence. Plant Biology, 1 (3): 274-287.

JACKSON M B, FENNING T M, WILLIAM J, 1985. Aerenchyma (Gas-space) formation in adventitious roots of rice (*Oryza sativa* L.) is not controlled by ethylene or small partial pressures of oxygen. Journal of Experimental Botany, 36 (171): 1566-1572.

JAMES R A, MUNNS R, CAEMMERER S V, et al., 2006. Photosynthetic capacity is related to the cellular and subcellular partitioning of Na^+, K^+ and Cl^- in salt - affected barley and durum wheat. Plant Cell and Environment, 29 (12): 2113-2123.

JAMES R A, MUNNS R, CAEMMERER S V, et al., 2006. Photosynthetic capacity is related to the cellular and subcellular partitioning of Na^+, K^+ and Cl^- in salt - affected barley and durum wheat. Plant, Cell & Environment, 29 (12): 2185-2197.

JAYARAJ J, YI H, LIANG H, et al., 2004. Foliar application of *Bacillus subtilis* AUBS1 reduces sheath blight and triggers defense mechanisms in rice. Journal of Plant Diseases and Protection, 111 (2): 115-125.

JIANG Y, LIANG Y, LI C, et al., 2016. Crop rotations alter bacterial and fungal diversity in paddy soils across East Asia. Soil Biology and Biochemistry, 95: 250-261.

JUNG K, JANG T, JEONG H, et al., 2014. Assessment of growth and yield components of rice irrigated with reclaimed wastewater. Agricultural Water Management, 138: 17-25.

KANAWAPEE N, SANITCHON J, SRIHABAN P, et al., 2013. Physiological changes during development of rice (Oryza sativa L.) varieties differing in salt tolerance under saline field condition. Plant and Soil, 370 (1-2): 89-101.

KAVI KISHOR P B, HIMA KUMARI P, SUNITA M S, et al., 2015. Role of proline in cell wall synthesis and plant development and its implications in plant ontogeny. Frontiers in Plant Science, 6: 544.

KELLIS M, KALAVROUZIOTIS I K, GIKAS P, 2013. Review of wastewater reuse in the Mediterranean countries, focusing on regulations and policies for municipal and industrial applications. Global NEST Journal, 15: 333-350.

KHALIQ A, ZIA-UL-HAQ M, ASLAM F, et al., 2015. Salinity tolerance in wheat cultivars is related to enhanced activities of enzymatic antioxidants and reduced lipid peroxidation. Clean-Soil Air Water, 43 (8): 1248-1258.

KHAN M A, ABDULLAH Z, 2003. Salinity-sodicity induced changes in reproductive physiology of rice (Oryza sativa L.) under dense soil conditions. Environmental and Experimental Botany, 49 (2): 145-157.

KHELIL M, REJEB S, HANCHI B, et al., 2013. Effects of irrigation water quality and nitrogen rate on the recovery of ^{15}N fertilizer by sorghum in field study. Communications in Soil Science and Plant Analysis, 44: 2647-2656.

KILIAN M, STEINER U, KREBS B, et al., 2000. FZB24 Bacillus subtilis-mode of action of a microbial agent enhancing plant vitality. Pflanzenschutz-Nachrichten Bayer, 1: 72-93.

KIM M J, RADHAKRISHNAN R, KANG S M, et al., 2017. Plant growth promoting effect of Bacillus amyloliquefaciens H-2-5 on crop plants and influence on physiological changes in soybean under soil salinity. Physiology and Molecular Biology of Plants, 23 (3): 571-580.

KIM Y C, LEVEAU J, MCSPADDEN GARDENER B B, et al., 2011. The multifactorial basis for plant health promotion by plant-associated bacteria.

Applied and Environmental Microbiology, 77（5）: 1548-1555.

KRISHNAMURTHY P, RANATHUNGE K, FRANKE R, et al., 2009. The role of root apoplastic transport barriers in salt tolerance of rice（*Oryza sativa* L.）. Planta, 230: 119-134.

KRONZUCKER H J, GLASS A D M, SIDDIQI M Y, et al., 2000. Comparative kinetic analysis of ammonium and nitrate acquisition by tropical lowland rice: implications for rice cultivation and yield potential. New Phytologist, 145: 471-476.

KULKARNI P, OLSON N D, PAULSON J N, et al., 2018. Conventional wastewater treatment and reuse site practices modify bacterial community structure but do not eliminate some opportunistic pathogens in reclaimed water. Science of the Total Environment, 639: 1126-1137.

KULKARNI P, RASPANTI G A, BUI A Q, et al., 2019. Zerovalent iron-sand filtration can reduce the concentration of multiple antimicrobials in conventionally treated reclaimed water. Environmental Research, 172: 301-309.

KUMAR U, SHAHID M, TRIPATHI R, et al., 2017. Variation of functional diversity of soil microbial community in sub-humid tropical rice-rice cropping system under long-term organic and inorganic fertilization. Ecological Indicators, 73: 536-543.

KUMAR V, KHARE T, 2016. Differential growth and yield responses of salt-tolerant and susceptible rice cultivars to individual（Na^+ and Cl^-）and additive stress effects of NaCl. Acta Physiologiae Plantarum, 38（7）: 170.

LEA P L, 1992. Nitrogen metabolism of plant. New York: Oxford University Press.

LEIGH R A, JONES R G W, 1984. A hypothesis relating critical potassium concentrations for growth to the distribution and functions of this ion in the plant cell. New Phytologist, 97（1）: 1-13.

LI C M, LEI C X, LIANG Y T, et al., 2016. As contamination alters rhizosphere microbial community composition with soil type dependency during the rice growing season. Paddy and Water Environment, 15（3）: 581-592.

LI K, JING Y, TAN M, et al., 2017a. Effects of different irrigation amounts on physiological indexes and water use efficiency of rice at the jointing-booting stage. Agricultural Science & Technology, 18（11）: 2014−2018, 2025.

LI Q, WANG W, JIANG X, et al., 2019. Optimizing the reuse of reclaimed water in arid urban regions: a case study in Urumqi, Northwest China. Sustainable Cities and Society, 51: 101702.

LI Q, YANG A, ZHANG W H, 2017b. Comparative studies on tolerance of rice genotypes differing in their tolerance to moderate salt stress. BMC Plant Biology, 17（1）: 141.

LIANG C G, CHEN L P, WANG Y, et al., 2011. High temperature at grain-filling stage affects nitrogen metabolism enzyme activities in grains and grain nutritional quality in rice. Rice Science, 18（3）: 210−216.

LIN F F, QIU L F, DENG J S, et al., 2010. Investigation of SPAD meter-based indices for estimating rice nitrogen status. Computers and Electronics in Agriculture, 71: S60−S65.

LIN X, MOU R, CAO Z, et al., 2016. Characterization of cadmium-resistant bacteria and their potential for reducing accumulation of cadmium in rice grains. Science of the Total Environment, 569-570: 97−104.

LIU J, SUI Y, YU Z, et al., 2014. High throughput sequencing analysis of biogeographical distribution of bacterial communities in the black soils of northeast China. Soil Biology and Biochemistry, 70: 113−122.

LIU Q, WU X, LI T, et al., 2013. Effects of elevated air temperature on physiological characteristics of flag leaves and grain yield in rice. Chilean Journal of Agricultural Research, 73（2）: 85−90.

LIU Y, MA L, YANG Q, et al., 2018. Occurrence and spatial distribution of perfluorinated compounds in groundwater receiving reclaimed water through river bank infiltration. Chemosphere, 211: 1203−1211.

LYU S, CHEN W, WEN X, et al., 2018. Integration of HYDRUS-1D and MODFLOW for evaluating the dynamics of salts and nitrogen in groundwater under long-term reclaimed water irrigation. Irrigation Science, 37（1）: 35−47.

MA X, FENG F, WEI H, et al., 2016. Genome-wide association study for plant height and grain yield in rice under contrasting moisture regimes. Frontiers in Plant Science, 7: 1801.

MAESTRE-VALERO J F, GONZALEZ-ORTEGA M J, MARTINEZ-ALVAREZ V, et al., 2019. Revaluing the nutrition potential of reclaimed water for irrigation in southeastern Spain. Agricultural Water Management, 218: 174-181.

MAESTRE-VALERO J F, MARTIN-GORRIZ B, NICOLAS E, et al., 2018. Deficit irrigation with reclaimed water in a citrus orchard. Energy and greenhouse-gas emissions analysis. Agricultural Systems, 159: 93-102.

MAGUIRE V G, BORDENAVE C D, NIEVA A S, et al., 2020. Soil bacterial and fungal community structure of a rice monoculture and rice-pasture rotation systems. Applied Soil Ecology, 151: 103535.

VASSILEVA M, AICON R, BAREA J M, 2000. Rock phosphate solubilization by free and encapsulated cells of *Yarowia lipolytica*. Process Biochemistry, 35: 693-697.

MARTÍ NEZ-VIVEROS O, JORQUERA M A, CROWLEY D E, et al., 2010. Mechanisms and practical considerations involved in plant growth promotion by rhizobacteria. Journal of Soil Science and Plant Nutrition, 10 (3): 293-319.

MIELKE M, SCHAFFER B, LI C, 2010. Use of a SPAD meter to estimate chlorophyll content in *Eugenia uniflora* L. leaves as affected by contrasting light environments and soil flooding. Photosynthetic, 48: 332-338.

MIFLIN B J, HABASH D E, 2002. The role of glutamine synthetase and glutamate dehydrogenase in nitrogen assimilation and possibilities for improvement in the nitrogen utilization of crops. Journal of Experimental Botany, 53 (370): 979-987.

MILLER G, SUZUKI N, CIFTCI-YILMAZ S, et al., 2010. Reactive oxygen species homeostasis and signalling during drought and salinity stresses. Plant Cell and Environment, 33 (4): 453-467.

MIRABAL ALONSO L, KLEINER D, ORTEGA E, 2008. Spores of the mycorrhizal fungus *Glomus mosseae* host yeasts that solubilize phosphate and accumulate polyphosphates. Mycorrhiza, 18（4）: 197-204.

MOHAMED S E, 2005. Photochemical studies on common bean（*Phaseolus vulgaris* L.）plants as affected by foliar fertilizer and active dry yeast under sandy soil conditions. Egyptian Journal of Applied and Science, 20（5b）: 539-559.

MORGAN K T, WHEATON T A, PARSONS L R, et al., 2008. Effects of reclaimed municipal waste water on horticultural characteristics, fruit quality, and soil and leaf mineral concentration of citrus. Hortscience, 43（2）: 459-464.

NAFADY N A, HASHEM M, HASSAN E A, et al., 2019. The combined effect of arbuscular mycorrhizae and plant-growth-promoting yeast improves sunflower defense against *Macrophomina phaseolina* diseases. Biological Control, 138: 104049.

NAKAYAN P, HAMEED A, SINGH S, et al., 2013. Phosphate-solubilizing soil yeast *Meyerozyma guilliermondii* CC1 improves maize（*Zea mays* L.）productivity and minimizes requisite chemical fertilization. Plant and Soil, 373（1-2）: 301-315.

NAOKO M, ERNST S, TADASHI H, et al., 2001. Hydraulic conductivity of rice roots. Journal of Experimental Botany, 52（362）: 1835-1846.

NASSAR A H, EL-TARABILY K A, SIVASITHAMPARAM K, 2005. Promotion of plant growth by an auxin-producing isolate of the yeast *Williopsis saturnus* endophytic in maize（*Zea mays* L.）roots. Biology and Fertility of Soils, 42（2）: 97-108.

NEGRAO S, COURTOIS B, AHMADI N, et al., 2011. Recent updates on salinity stress in rice: from physiological to molecular responses. Critical Reviews in Plant Sciences, 30: 329-377.

NJUGUNA S M, MAKOKHA V A, YAN X, et al., 2019. Health risk assessment by consumption of vegetables irrigated with reclaimed waste water: a case study in Thika（Kenya）. Journal of Environmental Management, 231: 576-581.

NOORHOSSEINI-NIYAKI S A, ALLAHYARI M S, 2012. Logistic regression analysis on factors affecting adoption of rice-fish farming in North Iran. Rice Science, 19（2）：153-160.

NTANOS D A, KOUTROUBAS S D, 2002. Dry matter and N accumulation and translocation for Indica and Japonica rice under Mediterranean conditions. Field Crops Research, 74：93-101.

ONGENA M, JACQUES P, TOURE Y, et al., 2005. Involvement of fengycin-type lipopeptides in the multifaceted biocontrol potential of *Bacillus subtilis*. Applied Microbiology and Biotechnology, 69（1）：29-38.

PABLOS M V, RODRIGUEZ J A, GARCIA-HORTIGUELA P, et al., 2018. Sublethal and chronic effects of reclaimed water on aquatic organisms. Looking for relationships between physico-chemical characterisation and toxic effects. Science of the Total Environment, 640-641：1537-1547.

PAPADOPOULOS F, PARISSOPOULOS G, PAPADOPOULOS A, et al., 2009. Assessment of reclaimed municipal wastewater application on rice cultivation. Environment Management, 43（1）：135-143.

PARRY C, BLONQUIST J M, BUGBEE B, 2014. In situ measurement of leaf chlorophyll concentration：analysis of the optical/absolute relationship. Plant Cell and Environment, 37（11）：2508-2520.

PASUQUIN E, LAFARGE T, TUBANA B, 2008. Transplanting young seedlings in irrigated rice fields：early and high tiller production enhanced grain yield. Field Crops Research, 105：141-155.

PEEVA V, CORNIC G, 2009. Leaf photosynthesis of Haberlea rhodopensis before and during drought. Environmental and Experimental Botany, 65（2-3）：310-318.

PENG S, HE Y, YANG S, et al., 2014. Effect of controlled irrigation and drainage on nitrogen leaching losses from paddy fields. Paddy and Water Environment, 13（4）：303-312.

PENG S, KHUSH G, VIRK P, et al., 2008. Progress in ideotype breeding to increase rice yield potential. Field Crops Research, 108：32-38.

PENG S, YANG S, XU J, et al., 2011. Field experiments on greenhouse gas emissions and nitrogen and phosphorus losses from rice paddy with efficient irrigation and drainage management. Science China Technological Sciences, 54（6）: 1581–1587.

PEREIRA B F F, HE Z L, STOFFELLA P J, et al., 2011. Reclaimed wastewater: effects on citrus nutrition. Agricultural Water Management, 98（12）: 1828–1833.

PEREZ-MONTANO F, ALIAS-VILLEGAS C, BELLOGIN R A, et al., 2014. Plant growth promotion in cereal and leguminous agricultural important plants: from microorganism capacities to crop production. Microbiological Research, 169（5-6）: 325–336.

PRASANNA R, JOSHI M, RANA A, et al., 2012. Influence of co-inoculation of bacteria-cyanobacteria on crop yield and C-N sequestration in soil under rice crop. World Journal of Microbiology & Biotechnology, 28（3）: 1223–1235.

QIAO Y, MIAO S, LI N, et al., 2015. Crop species affect soil organic carbon turnover in soil profile and among aggregate sizes in a Mollisol as estimated from natural ^{13}C abundance. Plant and Soil, 392（1-2）: 163–174.

QUIRINO B F, NOH Y S, HIMELBLAU E, et al., 2000. Molecular aspects of leaf senescence. Trends in Plant Science, 5: 278–282.

RADHAKRISHNAN R, BAEK K H, 2017. Physiological and biochemical perspectives of non-salt tolerant plants during bacterial interaction against soil salinity. Plant Physiology and Biochemistry, 116: 116–126.

RADHAKRISHNAN R, HASHEM A, ABD-ALLAH E F, 2017. Bacillus: a biological tool for crop improvement through bio-molecular changes in adverse environments. Frontiers in Physiology, 8: 667.

RAO P S, MISHRA B, GUPTA S R, et al., 2008. Reproductive stage tolerance to salinity and alkalinity stresses in rice genotypes. Plant Breeding, 127（3）: 256–261.

RIMA F S, BISWAS S, SARKER P K, et al., 2018. Bacteria endemic to saline coastal belt and their ability to mitigate the effects of salt stress on rice growth and yields. Annals of Microbiology, 68（9）: 525–535.

ROEL A, MUTTERS R G, ECKERT J W, et al., 2005. Effect of low water temperature on rice yield in California. Agronomy Journal, 97（3）：943-948.

ROMERO-TRIGUEROS C, NORTES P A, ALARC N J J, et al., 2017. Effects of saline reclaimed waters and deficit irrigation on citrus physiology assessed by UAV remote sensing. Agricultural Water Management, 183：60-69.

ROMERO-TRIGUEROS C, NORTES P, ALARC N J J, et al., 2014. Determination of ^{15}N stable isotope natural abundances for assessing the use of saline reclaimed water in grapefruit. Environmental Engineering And Management Journal, 13：2525-2530.

SAHA C, MUKHERJEE G, AGARWAL-BANKA P, et al., 2016. A consortium of non-rhizobial endophytic microbes from *Typha angustifolia* functions as probiotic in rice and improves nitrogen metabolism. Plant Biology, 18（6）：938-946.

SALEHI E, NASAB S B, MOHAMMADI A S, 2015. The effect of combination of saline water and fresh water on physical and chemical properties of soil with silt loam texture. Researcher, 7（12）：9-16.

SANSONE G, REZZA I, CALVENTE V, et al., 2005. Control of Botrytis cinerea strains resistant to iprodione in apple with rhodotorulic acid and yeasts. Postharvest Biology and Technology, 35（3）：245-251.

SARABIA M, CAZARES S, GONZ LEZ-RODR GUEZ A, et al., 2018a. Plant growth promotion traits of rhizosphere yeasts and their response to soil characteristics and crop cycle in maize agroecosystems. Rhizosphere, 6：67-73.

SARABIA M, CORNEJO P, AZC N R, et al., 2017. Mineral phosphorus fertilization modulates interactions between maize, rhizosphere yeasts and arbuscular mycorrhizal fungi. Rhizosphere, 4：89-93.

SARABIA M, JAKOBSEN I, GR NLUND M, et al., 2018b. Rhizosphere yeasts improve P uptake of a maize arbuscular mycorrhizal association. Applied Soil Ecology, 125：18-25.

SARMA B, BORKOTOKI B, NARZARI R, et al., 2017. Organic amendments：effect on carbon mineralization and crop productivity in acidic soil.

Journal of Cleaner Production, 152: 157-166.

SERRAJ R, MCNALLY K L, SLAMET-LOEDIN I, et al., 2011. Drought resistance improvement in rice: an integrated genetic and resource management. Plant Production Science, 14: 1-14.

SETTER T L, LAURELES E V, MAZAREDO A M, 1997. Lodging reduces yield of rice by self-shading and reductions in canopy photosynthesis. Field Crops Research, 49: 95-106.

SHEN C, XIONG J, ZHANG H, et al., 2013. Soil pH drives the spatial distribution of bacterial communities along elevation on Changbai Mountain. Soil Biology and Biochemistry, 57: 204-211.

SHEREEN A, ANSARI R, FLOWERS T J, et al., 2002. Rice cultivation in saline soils. Dordrecht: Springer.

SHI H, WANG B, YANG P, et al., 2016. Differences in sugar accumulation and mobilization between sequential and non-sequential senescence wheat cultivars under natural and drought conditions. PLoS One, 11 (11) : e0166155.

SHIN K, VAN DIEPEN G, BLOK W, et al., 2017. Variability of effective micro-organisms (EM) in bokashi and soil and effects on soil-borne plant pathogens. Crop Protection, 99: 168-176.

SIMOVA-STOILOVA L, DEMIREVSKA K, KINGSTON-SMITH A, et al., 2012. Involvement of the leaf antioxidant system in the response to soil flooding in two Trifolium genotypes differing in their tolerance to waterlogging. Plant Science, 183: 43-49.

SLONCZEWSKI J L, FOSTER J W, 2011. Microbiology: an Evolving Science. New York: Norton & Company Inc.

SMICIKLAS K D, 1992. Role of nitrogen form in determining yield of field-grown maize. Crop Science, 32 (5) : 1220-1225.

SMILLIE I R, PYKE K A, MURCHIE E H, 2012. Variation in vein density and mesophyll cell architecture in a rice deletion mutant population. Journal of Experimental Botany, 63 (12) : 4563-4570.

SOFO A, DICHIO B, XILOYANNIS C, et al., 2004. Effects of different irradiance levels on some antioxidant enzymes and on malondialdehyde content during rewatering in olive tree. Plant Science, 166（2）: 293-302.

SON Y K, YOON C G, RHEE H P, et al., 2012. A review on microbial and toxic risk analysis procedure for reclaimed wastewater irrigation on paddy rice field proposed for South Korea. Paddy and Water Environment, 11（1-4）: 543-550.

STADLER A, RUDOLPH S, KUPISCH M, et al., 2015. Quantifying the effects of soil variability on crop growth using apparent soil electrical conductivity measurements. European Journal of Agronomy, 64: 8-20.

STEIN T, 2005. Bacillus subtilis antibiotics: structures, syntheses and specific functions. Molecular Microbiology, 56（4）: 845-857.

STEUDLE E, 2001. Water uptake by roots: effects of water deficit. Journal of Experimental Botany, 51（350）: 1531-1542.

STURSOVA M, ZIFCAKOVA L, LEIGH M B, et al., 2012. Cellulose utilization in forest litter and soil: identification of bacterial and fungal decomposers. FEMS Microbiology Ecology, 80（3）: 735-746.

SURALTA R R, YAMAUCHI A, 2008. Root growth, aerenchyma development, and oxygen transport in rice genotypes subjected to drought and waterlogging. Environmental and Experimental Botany, 64（1）: 75-82.

SURESH K R, NAGESH M A, 2015. Experimental studies on effect of water and soil quality on crop yield. Aquatic Procedia, 4: 1235-1242.

THEBO A L, DRECHSEL P, LAMBIN E F, et al., 2017. A global, spatially-explicit assessment of irrigated croplands influenced by urban wastewater flows. Environmental Research Letters, 12（7）: 074008.

THEODULOZ C, VEGA A, SALAZAR M, et al., 2003. Expression of a bacillus thuringiensis δ-endotoxin cry1ab gene in bacillus subtilis and *Bacillus licheniformis* strains that naturally colonize the phylloplane of tomato plants（*Lycopersicon esculentum* Mills）. Journal of Applied Microbiology, 94（3）: 375-381.

TILAK K V B R, RANGANAKI N, MANOHARACHARI C, 2006. Synergistic effects of plant-growth promoting rhizobacteria and *Rhizobium* on nodulation and nitrogen fixation by pigeonpea (*Cajanus cajan*). European Journal of Soil Science, 57: 67-71.

TUNC T, SAHIN U, 2015. The changes in the physical and hydraulic properties of a loamy soil under irrigation with simpler-reclaimed wastewaters. Agricultural Water Management, 158: 213-224.

UDDLING J, GELANG-ALFREDSSON J, PIIKKI K, et al., 2007. Evaluating the relationship between leaf chlorophyll concentration and SPAD-502 chlorophyll meter readings. Photosynthesis Research, 91 (1): 37-46.

VALDEZ Z, 2006. Short-term effects of moisture content on soil solution pH and soil Eh. Soil Science, 171 (5): 423-431.

VENDRUSCOLO F, DA ROCHA FERREIRA G L, ANTONIOSI FILHO N R, 2017. Biosorption of hexavalent chromium by microorganisms. International Biodeterioration & Biodegradation, 119: 87-95.

VORISKOVA J, BALDRIAN P, 2013. Fungal community on decomposing leaf litter undergoes rapid successional changes. The ISME Journal, 7 (3): 477-486.

WAINWRIGHT A M F A M, 1995. Nitrification, S-oxidation and P-solubilization by the soil yeast Williopsis californica and by Saccharomyces cerevisiae. Mycological Research, 99 (2): 200-204.

WAINWRIGHT M F A M K, 1996. Involvement of yeasts in urea hydrolysis and nitrification in soil amended with a natural source of sucrose. Mycological Research, 100 (3): 307-310.

WAINWRIGHT M, FALIMA M K, 1996. Involvement of yeasts in urea hydrolysis and nitrification in soil amended with a natural source of sucrose. Mycological Research, 100 (3): 307-310.

WALCH-LIU P N G, ENGELS C, 2001. Response of shoot and root growth to supply of different nitrogen forms is not related to carbohydrate and nitrogen status of tobacco plants. Journal of Plant Nutrition and Soil Science, 164 (1): 97-103.

WALKER, JOHN M, 1996. One-degree increments in soil temperatures affect maize seeding behavior. Soil Science Society of America Journal, 33 (5): 729-736.

WANAS A L, 2002. Response of faba bean (*Vicia faba* L.) plants to seed soaking application with natural yeast and carrot extracts. Annals of Agricultural Science Moshtohor, 40 (1): 83-102.

WANG B, LI Y E, WAN Y, et al., 2016. Modifying nitrogen fertilizer practices can reduce greenhouse gas emissions from a Chinese double rice cropping system. Agriculture, Ecosystems & Environment, 215: 100-109.

WANG J, ZHU J, LIN Q, et al., 2006. Effects of stem structure and cell wall components on bending strength in wheat. Chinese Science Bulletin, 51 (7): 815-823.

WANG S, LIU F, WU W, et al., 2018. Migration and health risks of nonylphenol and bisphenol a in soil-winter wheat systems with long-term reclaimed water irrigation. Ecotoxicology and Environmental Safety, 158: 28-36.

WANG Y, ZHANG J, YU J, et al., 2014. Photosynthetic changes of flag leaves during senescence stage in super high-yield hybrid rice LYPJ grown in field condition. Plant Physiology and Biochemistry, 82: 194-201.

WU X, TANG Y, LI C, et al., 2018. Individual and combined effects of soil waterlogging and compaction on physiological characteristics of wheat in southwestern China. Field Crops Research, 215: 163-172.

XIANG X, GIBBONS S M, YANG J, et al., 2015. Arbuscular mycorrhizal fungal communities show low resistance and high resilience to wildfire disturbance. Plant and Soil, 397 (1): 347-356.

XIE Y, LI X, HUANG X, et al., 2019. Characterization of the Cd-resistant fungus Aspergillus aculeatus and its potential for increasing the antioxidant activity and photosynthetic efficiency of rice. Ecotoxicology and Environmental Safety, 171: 373-381.

XIONG D, YU T, ZHANG T, et al., 2015. Leaf hydraulic conductance is coordinated with leaf morpho-anatomical traits and nitrogen status in the genus

Oryza. Journal of Experimental Botany, 66（3）: 741-748.

XIONG H, YU J, MIAO J, et al., 2018. Natural variation in OsLG3 increases drought tolerance in rice by inducing ROS scavenging. Plant Physiology, 178（1）: 451-467.

YANG J, KLOEPPER J W, RYU C M, 2009. Rhizosphere bacteria help plants tolerate abiotic stress. Trends in Plant Science, 14（1）: 1-4.

YANG S, PENG S, XU J, et al., 2013. Effects of water saving irrigation and controlled release nitrogen fertilizer managements on nitrogen losses from paddy fields. Paddy and Water Environment, 13（1）: 71-80.

YANG S, XIAO Y N, SUN X, et al., 2019. Biochar improved rice yield and mitigated CH_4 and N_2O emissions from paddy field under controlled irrigation in the Taihu Lake Region of China. Atmospheric Environment, 200: 69-77.

YE Y S, LIANG X Q, CHEN Y X, et al., 2013. Alternate wetting and drying irrigation and controlled-release nitrogen fertilizer in late-season rice. Effects on dry matter accumulation, yield, water and nitrogen use. Field Crops Research, 144: 212-224.

YUAN Z, CAO Q, ZHANG K, et al., 2016. Optimal Leaf Positions for SPAD Meter Measurement in Rice. Frontiers in Plant Science, 7: 719.

ZAHOOR R, ZHAO W, ABID M, et al., 2017. Potassium application regulates nitrogen metabolism and osmotic adjustment in cotton（*Gossypium hirsutum* L.）functional leaf under drought stress. Journal of Plant Physiology, 215: 30-38.

ZAK D, HOLMES W, MACDONALD N, et al., 1999. Soil temperature, matric potential, and the kinetics of microbial respiration and nitrogen mineralization. Soil Science Society of America Journal, 63（3）: 575-584.

ZALAC IN D, BIENES R, SASTRE-MERL N A, et al., 2019a. Influence of reclaimed water irrigation in soil physical properties of urban parks: a case study in Madrid（Spain）. Catena, 180: 333-340.

ZALAC IN D, MART NEZ-P REZ S, BIENES R, et al., 2019b. Salt accumulation in soils and plants under reclaimed water irrigation in urban parks of Madrid（Spain）. Agricultural Water Management, 213: 468-476.

ZALACAIN D, MARTINEZ-PEREZ S, BIENES R, et al., 2019. Turfgrass biomass production and nutrient balance of an urban park irrigated with reclaimed water. Chemosphere, 237: 124481.

ZANG U, GOISSER M, H ÄBERLE K, et al., 2014. Effects of drought stress on photosynthesis, rhizosphere respiration, and fine-root characteristics of beech saplings: a rhizotron field study. Journal of Plant Nutrition and Soil Science, 177 (2): 168-177.

ZHANG Y J, XIE Z K, WANG Y J, et al., 2011. Effect of water stress on leaf photosynthesis, chlorophyll content, and growth of oriental lily. Russian Journal of Plant Physiology, 58 (5): 844-850.

ZHU J, PENG H, JI X, et al., 2019. Effects of reduced inorganic fertilization and rice straw recovery on soil enzyme activities and bacterial community in double-rice paddy soils. European Journal of Soil Biology, 94: 103116.

ZHU M, JIN F, SHAO X, et al., 2014. Effects of soda saline-alkali stress on physiological characteristics of rice in different concentrations. Advanced Materials Research, 1010-1012: 1225-1229.

附　录

附表1　2018年各处理不同时期土壤含水率

处理	土层/cm	S31	S61	S71	S91	S127
CK	0~5	0.464 2	0.227 9	0.329 2	0.299 9	0.317 6
	5~15	0.358 7	0.242 3	0.303 0	0.262 3	0.296 4
	15~25	0.386 8	0.243 1	0.302 8	0.273 5	0.317 5
Q	0~5	0.314 1	0.223 5	0.303 5	0.209 6	0.240 8
	5~15	0.271 3	0.231 0	0.274 6	0.361 8	0.221 2
	15~25	0.266 4	0.214 3	0.270 4	0.219 7	0.230 2
Z	0~5	0.289 8	0.239 6	0.269 2	0.269 9	0.312 6
	5~15	0.268 8	0.228 8	0.280 2	0.263 9	0.299 8
	15~25	0.300 7	0.223 0	0.254 4	0.249 7	0.294 5
J0	0~5	—	—	0.308 0	0.205 2	0.292 6
	5~15	—	—	0.290 4	0.211 6	0.272 5
	15~25	—	—	0.291 5	0.271 2	0.272 2
J1	0~5	—	—	0.282 6	0.287 6	0.277 0
	5~15	—	—	0.262 0	0.328 5	0.236 8
	15~25	—	—	0.256 4	0.492 2	0.255 4
J2	0~5	—	—	0.308 3	0.503 2	0.307 7
	5~15	—	—	0.300 7	0.315 2	0.272 1
	15~25	—	—	0.299 0	0.423 4	0.267 1
J3	0~5	—	—	0.299 4	0.228 2	0.260 2
	5~15	—	—	0.283 2	0.249 2	0.245 3
	15~25	—	—	0.296 5	0.173 1	0.259 7
J4	0~5	—	—	0.281 5	0.145 3	0.259 5
	5~15	—	—	0.281 5	0.354 9	0.252 3
	15~25	—	—	0.279 4	0.414 9	0.245 1

（续表）

处理	土层/cm	S31	S61	S71	S91	S127
	0~5	—	—	0.250 9	0.271 8	0.227 3
J5	5~15	—	—	0.247 4	0.172 5	0.219 3
	15~25	—	—	0.295 0	0.090 3	0.208 5

附表2　2019年各处理不同时期土壤含水率

处理	土层/cm	S61	S71	S91	S127
	0~5	0.300 4	0.374 2	0.287 7	0.312 8
CK	5~15	0.234 8	0.315 5	0.282 2	0.246 1
	15~25	0.246 9	0.334 1	0.276 8	0.251 6
	0~5	0.149 0	0.228 1	0.245 4	0.241 9
Q	5~15	0.169 2	0.216 2	0.239 1	0.241 9
	15~25	0.141 6	0.223 0	0.237 8	0.244 3
	0~5	0.295 1	0.326 2	0.347 3	0.324 0
Z	5~15	0.265 6	0.284 5	0.316 3	0.321 8
	15~25	0.264 0	0.272 9	0.327 1	0.318 2
	0~5	—	0.223 0	0.237 1	0.260 2
J0	5~15	—	0.218 6	0.212 7	0.255 8
	15~25	—	0.223 2	0.213 7	0.258 5
	0~5	—	0.227 2	0.241 0	0.248 0
J1	5~15	—	0.232 8	0.227 5	0.261 1
	15~25	—	0.227 1	0.239 5	0.262 5
	0~5	—	0.249 6	0.290 8	0.304 8
J2	5~15	—	0.253 0	0.276 0	0.296 4
	15~25	—	0.249 2	0.284 3	0.320 6
	0~5	—	0.270 7	0.272 9	0.261 6
J3	5~15	—	0.281 7	0.251 7	0.275 0
	15~25	—	0.273 5	0.255 4	0.266 4
	0~5	—	0.283 2	0.235 5	0.289 5
J4	5~15	—	0.273 1	0.217 6	0.284 6
	15~25	—	0.273 6	0.231 6	0.284 4

（续表）

处理	土层/cm	S61	S71	S91	S127
	0~5	—	0.309 0	0.297 1	0.260 6
J5	5~15	—	0.282 5	0.278 1	0.253 6
	15~25	—	0.279 5	0.280 4	0.263 4

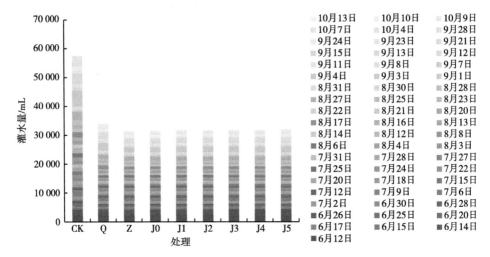

附图1　2018年各处理灌水记录

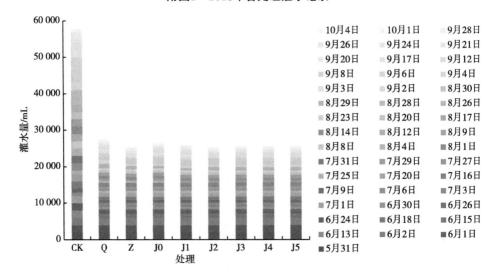

附图2　2019年各处理灌水记录